数据资产管理丛书

数据资产评估

合规方法和落地实践

张颖　王国栋◎编著

中国科学技术出版社

·北　京·

图书在版编目（CIP）数据

数据资产评估：合规方法和落地实践 / 张颖，王国栋编著 . -- 北京：中国科学技术出版社，2025. 1.
（数据资产管理丛书）. -- ISBN 978-7-5236-1127-2

Ⅰ . TP274

中国国家版本馆 CIP 数据核字第 2024VX2724 号

策划编辑	杜凡如　何英娇	**责任编辑**	杜凡如　孙　楠
封面设计	潜龙大有	**版式设计**	蚂蚁设计
责任校对	焦　宁	**责任印制**	李晓霖

出　　版	中国科学技术出版社
发　　行	中国科学技术出版社有限公司
地　　址	北京市海淀区中关村南大街 16 号
邮　　编	100081
发行电话	010-62173865
传　　真	010-62173081
网　　址	http://www.cspbooks.com.cn

开　　本	710mm×1000mm　1/16
字　　数	279 千字
印　　张	19.75
版　　次	2025 年 1 月第 1 版
印　　次	2025 年 1 月第 1 次印刷
印　　刷	大厂回族自治县彩虹印刷有限公司
书　　号	ISBN 978-7-5236-1127-2/TP・504
定　　价	79.00 元

数据资产管理丛书
编委会

主　　任：李开孟

副 主 任：陈发勇　　郑洪涛

顾　　问：谢志华　　张小军　　陈　鹏

编　　委：张　颖　　王国栋　　李　楠　　王　进　　张晓妮　　孙诗旸

　　　　　吕红伟　　李倩玉　　范梦娟　　李荣蓉　　王　宁　　周茂林

　　　　　周忠璇　　王景莹　　蒋云菲

学术支持： 中国技术经济学会数据资产管理专业委员会

丛书序

以大数据大模型为代表的数据智能技术，正在推动互联网和网络空间发生重大科技革命，实现从互联网到数联网、从网络空间到数据空间、从网络经济到数字经济的深层次产业变革。尤其是科学研究第四范式催生大数据、大模型、大算力的飞速发展，成为数字经济创新发展的重要动力源泉，使得数字经济成为继农业经济、工业经济之后的主要经济形态，呈现出以数据资源为关键要素，以现代信息网络为主要载体，以信息通信技术融合应用、全要素数字化转型为重要推动力量的新经济样态。数字经济发展速度之快、辐射范围之广、影响程度之深前所未有，正在推动生产方式、生活方式和治理方式发生深刻变革，成为重组全球要素资源、重塑全球经济结构、改变全球竞争格局的关键推动力量。

数据竞争是未来国家竞争的重要领域。习近平总书记高度重视数据要素和数字经济的高质量发展，指出："要加快建设数字中国，构建以数据为关键要素的数字经济，推动实体经济和数字经济融合发展。"积极培育和发展新质生产力，推动制造业高端化、智能化、绿色化发展，让传统产业焕发新的生机活力。党的二十届三中全会强调要"建设和运营国家数据基础设施，促进数据共享"。随着第四范式从科研领域扩展到经济社会生活众多层面，对数据互联（Interconnection of Data）、数据互通（Interexchange of Data）和数据互操作（Interoperation of Data）等关键领域不断提出新要求，需要围绕重要行业领域和典型应用场景，在统一基础设施底座的基础上，加快部署开展隐私计算、数据空间、区块链、数联网等多项技术路线发展，进一步完善数据基础制度体系，促进数据流通交易和开发利用，推动数据基础设施建设和数据领域核心技术攻关，强化数据安全治理，激活数据要素潜能，全面提升体系化的数据治理能力。对这些重大问题，亟待深入开展一系列技术经济重点热点和难点问题的专题研究。

中国技术经济学会是中国科学技术协会直属并经国家民政部注册备案管理的全国性科技社会团体，是由技术经济工作者自愿组成的全国性、学术性、非营利性社会组织，是促进我国技术经济科学事业健康发展的重要社会力量。学会的主要任务就是要团结和动员全国广大技术经济工作者，面向国家经济发展主战场和重大战略需求，探索科学技术转化为生产力的途径和方法，研究科技创新和经济发展的相互关系，研究资源优化配置和工程科学决策，为创新驱动发展服务，为提高全民科学素质服务，为技术经济领域的科技工作者服务，为党和政府科学决策服务，为促进我国技术经济事业繁荣创新发展服务。

中国技术经济学会高度重视数据要素和数字经济的专业研究和产业应用，决定依托有关专业力量，专门成立数据资产管理专业委员会，希望团结数据政策研究、数据技术创新与应用、数据要素管理与运营、数据资产估值与交易领域的技术经济工作者，开展相关理论研究、实践应用和国际交流，探索数据要素市场的运行机制和发展规律，促进数据资产管理人才专业化、职业化发展，凝聚各方力量，整合专业资源，为规范管理和政策制定提供智力支持，为激活数据要素潜能，做强做优做大数字经济，加快形成新质生产力，推动技术经济学科创新发展，构筑国家竞争新优势做出贡献。

中国科学技术出版社隆重出版的"数据资产管理丛书"，是中国技术经济学会数据资产管理专业委员会向广大读者呈现的针对数据资产价值创造和创新管理的系列专著。在丛书的编写过程中，作者充分发挥中国技术经济学会的组织优势整合相关领域专家和产业网络资源平台，汇聚各相关领域专家智慧，依托其深厚的学术功底和丰富的实践经验，跨越技术和经济双重维度，对数据资产价值创造和管理全链条相关内容进行全面深入剖析。在技术层面，丛书详细阐述了数据采集、处理、存储、分析、应用等各环节的最新进展，以及这些技术如何为数据资产的高效管理和价值挖掘提供强有力的专业支撑。在经济层面，重点研究数据作为新型生产要素的经济学特性，聚焦价值评估、市场交易、产权界定、风险防控等核心议题，为读者深入理解数据资产的经济特征及价值形成内在机理提供清晰而系统的分析框架。

尤为值得一提的是，丛书秉持技术经济学科的专业特色，没有孤立地看待技术和经济两大维度，而是将其深度融合，展现了二者在数据资产价值创造和创新管理中的互动与协同，并通过丰富的案例分析和实证研究，深刻揭示技术创新如何驱动数据资产价值形成倍增效应，以及经济规律如何引导数据资源的优化配置，为政府决策、企业实践和社会治理提供宝贵的参考和启示。

丛书不仅是对当前数据资产领域理论研究和实践经验的系统梳理，更是对未来数字经济发展趋势的前瞻性探索。丛书以深厚的学理剖析和丰富的案例展示，向读者诠释数据不是冰冷的数字堆砌，而是蕴含着无限潜力的新经济价值宝藏。通过专业化的资产管理，数据能够转化为推动产业升级、优化资源配置、提升社会治理效能的强大动力，成为引领经济高质量发展的新引擎。

技术经济学跨越经济学、管理学、自然科学、工程技术等多学科的界限，以"经济学"为母体，进行多学科延伸交叉，综合运用各学科的知识和方法，围绕形成现实生产力，为经济社会发展提供全面、系统的分析路径和解决方案，形成具有跨学科鲜明特色的技术经济学科知识体系。"数据资产管理丛书"是中国技术经济学会在数据资产管理领域的最新研究成果。在此，我衷心希望这套丛书能够成为广大读者深入理解数据资产要素、把握数字经济发展机遇的重要窗口，激发人们更多聚焦数据价值创造的思考和行动。同时，我们诚挚邀请和热烈欢迎全国技术经济相关领域的专家和企业加入中国技术经济学会大家庭，成为中国技术经济学会会员，利用好学会提供的极为丰富的平台网络资源，在数字经济的浩瀚海洋中，共同探索数据资产价值创造的无限可能，为构建更加繁荣、包容、可持续的数字世界贡献力量。

中国技术经济学会党委书记、理事长　李开孟

前　　言

数据成为继土地、劳动力、资本、技术四大生产要素之后的第五大生产要素，对数据的深化研究和不断规范成为企业管理和社会经济活动的重要课题。

数据的价值管理是数据构成生产要素的基础，而数据资产评估则是资产价值管理的前提和条件。可以说数据资产价值评估是数据资产管理的根本条件。数据资产的合理定价是数据交易的基础，数据定价必须依赖对资产价值的评估。

《数据资产评估：合规方法和落地实践》旨在为读者提供一个全面的框架，以理解和实践数据资产评估的原则、方法和程序。本书的特点在于其系统性和实用性。它不仅详细介绍了数据资产评估的原则体系，包括独立性、客观公正性、科学性等，还深入探讨了评估的依据，如法律法规、行业标准和数据质量。此外，书中的评价原则体系还涵盖了评估对象、基本事项、评估程序等关键环节，为读者提供了一个清晰的评估流程图。

主要内容分为十章，从数据资产评估的原则出发，逐步深入到评估依据、评估对象、基本事项，再到评估程序和方法。每一章都精心设计，既有理论的深度，也有实践的广度。第六章特别介绍了数据资产评价系统，而第七章则详细介绍了多种评估方法，包括成本法、收益法和市场法等。第八章聚焦评估报告和档案管理，第九章探讨了评估保障体系，第十章则通过广西电网的案例，展示了数据资产评估的实际应用。

本书适合数据资产评估师、企业决策者、财务分析师以及对数据资产评估感兴趣的学者和学生。通过阅读本书，读者将能够掌握数据资产评估的核心知识，提升对数据资产价值的认识，并在实际工作中运用这些知识，以实现数据资产的最大化利用和价值创造。

目　　录

第十章 综合案例——广西电网数据资产评估

CHAPTER 10

后记 / 301

第一章

数据资产评估的基本原则

▶▶▶▶ ————————————————

　　数据资产评估的基本原则是确保资产价值准确性和可靠性的基础和核心，以支持财务报告和决策过程的透明度和公正性。数据资产评估原则体系包括数据资产评估基本原则和特有原则，这些原则共同构成了数据资产评估的基石，保障了数据资产评估的质量和可信度。

————————————————

第一节　数据资产评估的原则体系

一、数据资产评估原则的概念和意义

1. 数据资产评估原则的概念

数据资产评估原则是指在进行数据资产评估过程中，需要遵循的一系列基本准则和指导思想。这些原则旨在确保评估工作的质量。

2. 数据资产评估原则的意义

数据资产评估原则在数据资产评估工作中扮演着至关重要的角色。它提供了一套科学、客观、公正的评估标准和指导思想，旨在保障数据资产评估工作的独立性、客观性、公正性、科学性和有效性。通过遵循价值原则、风险原则和效益原则等评估原则，评估人员能够更准确地评估数据资产的价值，避免主观臆断和误判。同时，数据资产评估原则也为数据交易和流通提供了价值参考和依据，有助于推动数据要素市场的健康发展，促进数据的合理流动和优化配置，提高数据资源的使用效率和价值。

二、数据资产评估原则体系介绍

数据资产的评估既要遵循传统的资产评估原则，也要遵循数据资产评估的特有原则。无论是传统的资产评估还是数据资产评估，其最终目的都是准确地衡量资产的价值，为决策提供依据，两者都强调保障数据资产评估工作的独立性、客观性、公正性、科学性和有效性。

1.传统的资产评估的基本原则

传统的资产评估的基本原则包括独立性原则、客观公正性原则、科学性原则、专业性原则。传统的资产评估的基本原则为数据资产评估提供了坚实的基础，确保了评估过程的基本规范性和专业性。在实际操作中，其为数据资产评估设定了基本框架。

2.数据资产评估的特有原则

评估对象的不同使得数据资产评估需要考虑其特有的原则，包括预期收益原则、替代原则、最佳效用原则、贡献原则、评估时点原则和外在性原则，这些特有原则反映了数据资产的特殊性质和评估需求。数据资产评估的特有原则是对基本原则的补充和完善，使得评估方法更加适应数据资产的特点并提供了具体的评估方法和注意事项，与传统的资产评估的基本原则相辅相成，共同指导评估工作的开展。

第二节　数据资产评估的独立性原则

一、数据资产评估独立性原则的概念和意义

1.数据资产评估独立性原则的概念

独立性原则在数据资产评估中是指评估机构或评估人员在执行评估过程中，应保持无偏见、公正无私的态度，以及对评估对象和利益相关者负责的一种原则。它要求评估机构或人员不受任何外来干扰，严格遵守评估标准和程序，以及保持专业判断的独立性。

2.数据资产评估独立性原则的意义

评估的独立性原则在数据资产评估中具有重要意义，具体体现在四个方面。一是提升评估结果的公正性，独立性原则的遵循使得评估结果更加公正，不受利益相关方的干扰或影响。这对于市场的公平交易和投

资决策的制定具有重要意义。二是增强评估结果的可信度，当投资者、债权人等利益相关者看到评估结果是基于独立、公正的原则得出时，他们将更有信心依据这些结果做出决策。三是防止利益冲突，独立性原则的执行可以防止评估机构或人员因利益冲突而产生偏见，从而确保评估结果的客观性和公正性。四是提升评估行业的公信力，独立性原则的坚持有助于提升整个评估行业的公信力，进一步促进评估行业的发展。

二、数据资产评估独立性原则基本内涵

数据资产评估的独立性原则内涵比较广泛，既包括机构也包括评估人员，还包括评估过程，具体体现在以下三个方面：

1. 评估机构的独立性

评估机构必须作为独立的社会公正性机构，它既不能被数据资产业务中的任何一方所拥有，也不应隶属于任何一方。这种独立性确保了评估机构在组织结构上不受任何利益相关方的干预，从而避免了评估工作受到有关利益方的不当影响或被委托者的主观意图所左右。这样的安排有助于维护评估结果的客观性和公正性，确保评估过程和结论的公信力，进而为数据资产的合理评估和有效管理提供坚实的基础。通过这样的独立性保障，评估机构能够更加专注于其核心职责，即提供准确、公正的评估服务。

2. 评估人员的独立性

在进行评估工作时，评估人员必须坚守独立性、客观性和公正性的原则，确保他们的判断不受任何外部不当影响的干扰。这意味着他们需要保持与所有相关方的独立性，既不偏向任何一方，也不受任何一方利益的牵连，从而确保评估结果能够真实、准确地反映实际情况，维护评估过程的客观性和公正性。

3. 评估过程的独立性

在评估过程中，评估机构和评估人员应严格遵守评估标准和程序，不受任何外来干扰，保持专业判断的独立性。这包括在承接评估业务

时，评估机构需对自身公正性和独立性做出承诺；在收集、分析和处理数据时，评估人员需保持客观、公正的态度；在评估报告的撰写和发布过程中，也要保持独立性，以确保评估结果的公正、透明。

三、数据资产评估独立性原则的特点和原理

1. 数据资产评估独立性原则的特点

数据资产评估独立性原则的特点包括以下几个方面：一是客观性，独立性原则要求评估机构和人员在评估过程中保持客观、公正的态度，不受任何主观偏见的影响；二是公正性，独立性原则强调评估结果的公正性，确保评估结果不受利益相关方的干扰或影响；三是透明性，独立性原则要求评估过程和结果的透明性，以便利益相关者能够了解评估的整个过程和结果；四是专业性，独立性原则要求评估机构和人员具备专业知识和实践经验，能够胜任所执行的评估业务。

2. 数据资产评估独立性原则的原理

数据资产评估独立性原则的基本原理是基于以下几点：一是市场公平竞争，独立性原则确保评估结果不受利益相关方的影响，从而维护市场的公平竞争环境；二是利益相关者权益保护，独立性原则通过确保评估结果的公正性和可信度，保护投资者、债权人等利益相关者的权益；三是评估行业健康发展，独立性原则的坚持有助于提升评估行业的公信力和专业水平，促进评估行业的健康发展。

四、数据资产评估独立性原则的应用

数据资产评估的独立性原则主要体现在以下三个方面：

1. 数据资产交易方面

在数据资产交易方面，独立性原则在这一过程中扮演着至关重要的角色。它能够确保交易价格的公正性和合理性，从而保护买卖双方的权益不受侵害。在数据资产交易中，独立性原则要求评估机构或人员必须保持客观中立，不受任何一方利益的影响，以确保评估结果的准确性和

公信力。

2. 数据资产融资方面

在数据资产融资方面，独立性原则发挥着关键作用。在进行数据资产融资时，独立性原则能够确保融资价值的准确性和可信度，这对于投资者来说至关重要。它帮助投资者在做出投资决策时能够依据真实、可靠的数据资产价值评估结果，从而做出明智的投资选择。

3. 企业并购方面

在企业并购方面，独立性同样不可或缺。在企业并购过程中，独立性原则能够确保被并购方数据资产价值的真实性和准确性，这对于并购方来说是做出合理并购决策的基础。并购方需要依赖准确的数据资产价值评估来确定并购价格，避免支付过高的溢价或低估被并购方的价值。因此，独立性原则在确保数据资产评估的公正性、准确性和可信度方面发挥着不可替代的作用，对于维护市场秩序、保护投资者和买卖双方的合法权益具有重要意义。

第三节 数据资产评估的客观公正性原则

一、数据资产评估客观公正性原则的概念和意义

1. 数据资产评估客观公正性原则的概念

客观公正性原则在数据资产评估中是指评估人员所出具的评估结果应以充分的事实为依据，不受主观因素影响。这就要求评估机构以及评估人员在评估过程中以公正、客观的态度收集评估所需要的有关数据与资料，并要求评估过程中的预测、推算等主观判断建立在市场与现实的基础之上。此外，为了保证评估的公正、客观性，按照国际惯例，资产评估机构收取的劳务费用应该只与工作量相关，不与被评估资产的价值

挂钩。

2. 数据资产评估客观公正性原则的意义

评估的客观公正性原则，是确保评估活动有效性与公信力的重要保障，在数据资产评估中具有重要意义，具体现在以下四个方面：一是确保评估结果的可靠性，客观公正的评估能够真实反映数据资产的实际价值，避免个人主观因素对评估结果的影响，从而增强评估结果的可信度；二是维护相关当事人的利益，在涉及多个利益相关者的资产交易中，客观公正的评估有助于确保不同方的权益得到合理保障，促进交易的公平性；三是增强市场信心，数据资产评估的客观公正性有助于提高市场对评估机构和评估结果的信任度，从而提升市场交易的有效性和活跃度；四是帮助企业和投资者做出合理决策，准确的数据资产评估为企业和投资者提供了科学依据，能够帮助他们做出更为合理的决策，降低投资风险。

二、数据资产评估客观公正性原则基本内涵

在数据资产评估中，客观公正性原则是确保评估过程及结果公正、准确、无偏见的重要基石。这一原则的基本内涵主要包括以下四个方面：

1. 以事实为依据

评估人员在评估过程中，必须认真调查研究，收集真实、可靠的数据资料，确保评估工作的客观性和准确性，保证评估结果以充分的事实为依据。

2. 公正的态度

评估人员应保持公正、中立的态度，不受任何利益关系的影响。在评估过程中，应避免主观臆断和个人偏见的介入，确保评估结果的公正性。

3. 科学的方法

评估过程应采用科学、合理的方法。评估人员应根据评估目的和数据资产的特点，选择适用的评估方法和技术手段，确保评估工作的科学性和有效性。

4. 信息披露

评估结果和相关重要信息应及时、准确地公开披露。评估机构和评估人员应遵守信息披露规定，接受社会监督，确保评估工作的透明度和公信力。

三、数据资产评估客观公正性原则的特点和原理

1. 数据资产评估客观公正性原则的特点

数据资产评估的客观公正性原则具有四个特点。一是独立性，评估机构和评估人员在执业过程中应保持独立，不受任何利益关系或个人偏见的影响。评估机构和评估人员应独立地进行分析和判断，确保评估结果的客观性和公正性。二是透明性，评估过程应公开透明，评估结果和相关重要信息应及时、准确地公开披露。这有助于增强评估工作的公信力和可信度，同时也有助于接受社会监督。三是专业性，评估机构和评估人员应具备专业的知识和技能，能够熟练运用科学的方法和技术手段进行评估工作。这有助于确保评估结果的准确性和可靠性。四是公正性，评估结果应公正、客观，不受任何利益关系或个人偏见的影响。评估人员应以公正、客观的态度进行评估工作，确保评估结果的公正性和可信度。

2. 数据资产评估客观公正性原则的原理

在数据资产评估原则中，客观公正性原则的原理主要基于四点。一是基于资产评估的基本要求，资产评估的核心在于对资产价值进行客观、准确的判断。客观公正性原则要求评估人员以事实为依据，通过收集、分析和验证相关数据和信息，来确保评估结果的客观性和准确性。二是服务于经济决策，资产评估的目的之一是为经济决策提供依据。无论是企业内部的资源配置、投资决策，还是外部的融资、并购等活动，都需要依赖准确的资产评估结果。因此，评估过程必须保持客观公正，以确保所提供的评估结果能够真实反映资产的价值，从而支持合理的经济决策。三是确保评估结果的准确性和可靠性，避免利益冲突。在数据

资产评估过程中，评估机构和评估人员可能会面临各种利益冲突。例如，他们可能与委托方或其他利益相关者存在利益关系，这可能导致评估结果出现偏差。客观公正性原则要求评估机构和评估人员保持独立，不受任何利益关系的影响，以确保评估结果的客观性和公正性。为了确保评估结果的准确性和可靠性，客观公正性原则还要求评估过程必须采用科学、合理的方法和技术手段。评估人员应根据评估目的和数据资产的特点，选择适用的评估方法和技术手段，并遵循科学的评估程序和标准进行评估工作。四是促进市场公平和透明，维护市场秩序。数据资产评估是市场经济中的重要环节之一，遵循客观公正性原则有助于维护市场秩序和公平竞争，通过确保评估结果的客观性和公正性，可以防止市场中出现虚假信息或误导性信息，从而保护投资者的合法权益并促进市场的健康发展。

四、数据资产评估客观公正性原则的应用

数据资产评估原则中的客观公正性原则，可以广泛应用于多个场景，以确保评估结果的准确性和公正性。数据资产评估客观公正性的应用具体包括以下六个场景：

1. 企业内部数据资产评估

企业为了了解自身数据资产的价值，以便进行更好的资源配置和管理，需要对内部数据资产进行评估。评估机构和评估人员需以客观公正的态度，收集并分析企业内部数据资产的相关信息，如数据来源、数据质量、数据应用场景等，确保评估结果不受企业内部利益关系的影响。

2. 数据资产交易

在数据资产交易过程中，买方和卖方需要就数据资产的价值达成一致意见。评估机构和评估人员需保持独立、客观、公正的原则，对数据资产进行全面、准确的评估，为交易双方提供可靠的参考依据。这有助于确保交易的公平性和市场的稳定性。

3. 数据资产抵押融资

企业为了获得融资，可能需要将数据资产作为抵押物。金融机构需要对数据资产的价值进行评估，以确定贷款额度。评估机构和评估人员需遵循客观公正性原则，对数据资产进行全面、细致的评估，确保评估结果能够真实反映数据资产的价值。这有助于降低金融机构的风险，保障融资双方的利益。

4. 数据资产侵权赔偿

在数据资产侵权案件中，侵权方可能需要向受害方支付赔偿。赔偿金额的确定往往依赖于对数据资产价值的评估。评估机构和评估人员需以客观公正的态度，对数据资产的价值进行评估，确保评估结果能够为法院或相关机构提供可靠的参考依据。这有助于维护受害方的合法权益，促进数据资产市场的健康发展。

5. 政务数据资产价值评估

政务数据资产的价值评估对于政府决策、资源配置以及数据资产的商业化应用具有重要意义。评估机构和评估人员需遵循客观公正性原则，对政务数据资产进行全面、准确的评估，确保评估结果能够真实反映数据资产的价值。这有助于政府更好地了解自身数据资产的价值，以便进行更好的资源配置和管理。

6. 科研数据资产评估

在科研活动中，科研数据资产的价值评估对于科研成果的转化、应用以及科研项目获得资金支持具有重要意义。评估机构和评估人员需以客观公正的态度，对科研数据资产的价值进行评估，确保评估结果能够为科研项目提供可靠的参考依据。这有助于促进科研成果的转化和应用，推动科研活动的持续发展。

第四节　数据资产评估的科学性原则

一、数据资产评估科学性原则的概念和意义

1. 数据资产评估科学性原则的概念

科学性原则是指在数据资产评估过程中，必须根据特定目的，选择适用的价值类型和科学的方法，制订科学的评估方案，使数据资产评估结果准确合理。

2. 数据资产评估科学性原则的意义

科学性原则在数据资产评估中具有重要的意义，主要体现在四个方面。一是确保评估结果的准确性，通过遵循科学性原则，评估人员能够采用合理的方法和程序进行评估，从而确保评估结果的准确性。这有助于企业了解和掌握其数据资产的真实价值，为决策提供可靠的依据。二是提高评估工作的效率，科学性原则要求评估人员结合实际情况制订评估方案，选择适用的评估方法和标准。这有助于降低评估成本，提高评估工作的效率。三是增强评估结果的公信力，科学性原则强调评估过程和结果的透明度和可验证性。通过遵循这些原则，评估机构能够向外界展示其评估工作的专业性和公正性，从而增强评估结果的公信力。四是推动数据资产评估行业的发展，科学性原则为数据资产评估行业提供了明确的指导和规范。通过遵循这些原则，评估机构能够不断提升自身的专业能力和服务水平，推动数据资产评估行业的健康发展。

二、数据资产评估科学性原则的基本内涵

数据资产评估科学性原则的基本内涵主要体现在以下四个方面：

1. 实践检验和完善

数据资产评估方法经过了多年的实践检验和完善，其适用范围和局限性已经得到了较为深入的认识。这使得评估人员能够根据具体情况选

择合适的评估方法，并对评估结果进行合理的调整和解释。

2. 相对独立性和可比较性

不同的数据资产评估方法在理论上都具有相对独立性和可比较性。这意味着它们可以从不同的角度对数据资产的价值进行评估，并得出具有可比性的结果。这为评估人员提供了更全面的评估视角，有助于更准确地反映数据资产的真实价值。

3. 全面考虑数据资产的多重价值

数据资产评估的科学性还体现在其能够全面考虑数据资产的多重价值。这包括数据的直接价值（如采集、存储、加工等成本），衍生价值（如赋能业务决策、创新产品和服务等创造的经济价值），战略价值（如为实现组织长期发展战略目标提供的智力支撑）和风险价值（如面临的各种安全隐患、合规性风险等可能带来的经济损失）。通过综合考虑这些因素，评估人员能够更全面地评估数据资产的价值。

4. 客观性和公正性

数据资产评估的科学性要求评估过程以客观、公正的态度进行。评估人员需要基于充分的事实和数据进行分析和判断，避免主观臆断和偏见的影响。这有助于确保评估结果的客观性和公正性，提高评估结果的可信度。

三、数据资产评估科学性原则的特点和原理

1. 数据资产评估科学性原则的特点

数据资产评估科学性原则具有三个特点。一是方法论的严谨性，数据资产评估方法经过严格的推导和验证，基于科学的经济学原理和假设。评估过程中，评估人员需要根据具体情况选择合适的评估方法，并严格按照方法论的要求进行操作，以确保评估结果的准确性。二是评估过程的系统性，数据资产评估是一个系统的过程，包括明确评估目的、收集和分析数据、选择评估方法、制订评估方案、实施评估程序等多个环节。每个环节都需要严格按照规定进行，确保评估过程的科学性和系

统性。三是结果应用的广泛性，数据资产评估结果具有广泛的应用价值。它不仅可以为企业了解自身数据资产的价值提供依据，还可以为数据交易、投资决策、风险管理等提供重要参考。此外，数据资产评估结果还可以用于法律纠纷解决、税收征管等领域。

2. 数据资产评估科学性原则的原理

数据资产评估科学性原则的原理主要基于三个方面。一是经济学原理与假设，数据资产评估方法，如市场法、收益法和成本法，都是基于特定的经济学原理和假设。例如，市场法基于市场供求原理，收益法基于未来收益折现原理，成本法基于成本重置原理。这些原理和假设为评估过程提供了理论基础，确保评估的科学性。二是资产评估的基本原则，数据资产评估遵循资产评估的一般原则，如科学性原则、客观性原则、独立性原则等。这些原则要求评估过程必须按照规定的程序进行，确保评估结果的准确、可靠和公正。三是数据资产的特性，数据资产评估还充分考虑了数据资产自身的特性，如非实体性、无限复制性、可加工性、价值易变性等。这些特性决定了数据资产评估方法的特殊性和复杂性，需要在评估过程中予以充分考虑。

四、数据资产评估科学性原则的应用

数据资产评估的科学性原则在多个领域和场景中发挥着重要作用，这些应用场景涵盖了企业运营、风险管理、投资决策等六个方面的场景。

1. 企业内部经营决策

通过将数据资产入表，企业可以更加直观地了解各项经营指标的变化趋势，如销售额、成本、利润等。这些数据为企业的经营决策提供了科学依据。企业可以实时监控各项风险指标，如信用风险、市场风险、操作风险等。入表后的数据可以帮助企业建立风险预警机制，及时发现潜在风险点，并采取相应的风险应对措施。

2. 客户关系管理

通过评估客户数据资产，企业可以全面收集和分析客户的各类信息，如购买记录、服务记录、投诉记录等。这有助于企业识别出高价值客户，制定个性化的营销策略，提升客户满意度和忠诚度。通过对客户数据的挖掘，企业还可以发现潜在的市场需求和机会，为企业的业务拓展提供有力支持。

3. 营销推广

数据资产评估可以帮助企业更加精准地制定营销策略和推广计划。入表后的数据可以帮助企业分析不同营销渠道的效果，如广告投放、社交媒体推广、线下活动等。企业可以根据数据分析结果，调整营销预算和策略，提高营销投入的效率。

4. 金融风险评估与信贷决策

在金融行业，数据资产评估对于风险管理和信贷决策至关重要。银行和金融机构通过评估客户的交易历史、信用记录和市场数据，可以更准确地识别贷款违约的风险。数据资产评估还可以帮助金融机构在股票市场和其他投资领域进行更精准的预测和决策。

5. 医疗健康领域

通过分析患者的历史健康记录和治疗反应，医疗机构可以为医生提供更个性化的治疗方案。通过评估大量患者数据，医疗机构可以发现疾病模式，从而改进预防措施和公共卫生策略。

6. 供应链与库存管理

在零售行业，数据资产评估可以帮助企业更好地理解消费者行为，优化库存管理。通过分析销售数据、顾客反馈和市场趋势，零售商可以制定更有效的库存策略，减少库存积压和缺货现象。制造业企业通过评估生产过程中的数据，可以优化生产线，提高工作效率和产品质量。数据资产评估还可以帮助企业预测设备故障，实现预防性维护，从而减少停机时间和维修成本。

第五节　数据资产评估的专业性原则

一、数据资产评估专业性原则的概念和意义

1. 数据资产评估专业性原则的概念

数据资产评估的专业性原则是指资产评估机构必须是提供评估服务的专业技术机构，且评估师应具备丰富的专业知识和技能。这一原则要求资产评估机构必须拥有一支由各方面专家组成的资产评估专业队伍，这些专家应具有良好的教育背景、专业知识和实践经验。

2. 数据资产评估专业性原则的意义

专业性原则在数据资产评估中具有重要的意义，主要体现在三个方面。一是确保评估结果的准确性。通过遵循专业性原则，资产评估机构能够运用科学的方法和标准展开工作，确保评估结果的准确性。这有助于为资产交易双方提供客观、公正的价值依据，促进交易的顺利进行。二是提升资产评估行业的公信力。专业性原则要求资产评估机构及其专业人员必须具备一定的专业素养和职业道德。这有助于提升整个资产评估行业的公信力，使评估结果更容易被市场所接受和认可。三是推动数据资产评估行业的规范化和专业化发展。随着数据经济的蓬勃发展，数据资产评估已成为一个重要的专业领域。遵循专业性原则有助于推动数据资产评估行业的规范化和专业化发展，提高评估服务的质量和效率。

二、数据资产评估专业性原则基本内涵

在数据资产评估中，专业性原则的基本内涵主要体现在以下四个方面。

1. 专业团队与资质要求

资产评估机构必须拥有一支由多方面专家组成的资产评估专业队伍。这些专家通常涵盖工程、技术、营销、财会、法律、经济管理等多

门学科，以确保能够从不同角度对资产进行全面、准确的评估。评估师应具备相应的专业资质和执业证书，如注册资产评估师等。这些资质证书是评估师专业能力的证明，也是其从事评估工作的必要条件。

2. 专业知识与实践经验

评估师应具备扎实的专业知识，包括资产评估理论、方法、技术以及相关法律法规等。这些知识是评估师进行资产评估的基础和保障。评估师应具有丰富的实践经验，能够熟练运用各种评估方法和技术解决实际问题。实践经验有助于评估师更好地理解和把握资产的实际价值。

3. 专业判断与决策能力

在评估过程中，评估师需要根据实际情况和专业知识进行独立、客观的判断。这些判断应基于充分的事实和数据支持，以确保评估结果的准确性和公正性。评估师应具备在复杂情况下做出合理决策的能力。这包括选择适当的评估方法、确定合理的评估参数以及处理评估过程中出现的各种问题等。

4. 专业道德与职业操守

评估师应遵守职业道德规范，保持独立、客观、公正的工作态度。在评估过程中，评估师应避免受到任何利益方的干扰和影响，确保评估结果的公正性。评估师应保守客户的商业秘密和评估过程中的敏感信息，维护客户的合法权益。同时，评估师还应积极参与行业自律活动，推动资产评估行业的健康发展。

三、数据资产评估专业性原则的特点和原理

1. 资产评估专业性原则的特点

数据资产评估专业性原则主要包括高度专业性、跨学科性、动态性和保密性四个特点。其中，高度专业性是指数据资产评估涉及数据科学、统计学、计算机科学等多个领域的知识，要求评估人员具备高度的专业性。这包括对数据资产的理解、评估方法的选择、数据质量的判断等方面的专业知识。跨学科性是指数据资产评估不仅涉及数据科学本

身，还涉及与数据相关的法律、经济、管理等多个领域。因此，专业性原则要求评估人员具备跨学科的知识和能力，能够综合考虑各种因素对数据资产价值的影响。动态性是指数据资产的价值往往随着市场环境、技术进步等因素的变化而发生变化。因此，专业性原则要求评估人员具备动态评估的能力，能够及时调整评估方法和参数，以反映数据资产价值的最新变化。保密性是指数据资产评估过程中可能涉及客户的商业秘密和敏感信息。因此，专业性原则要求评估机构和人员严格遵守保密原则，确保客户信息的安全和保密。

2. 数据资产评估专业性原则的原理

在数据资产评估原则中，专业性原则的原理主要基于资产评估的专业性、公正性和对准确性的高要求。专业性原则的原理主要体现在三个方面。第一是确保评估的专业性。数据资产评估是一项高度专业化的工作，需要评估师具备深厚的专业知识和丰富的实践经验。专业性原则要求评估机构必须是由符合条件的专业技术机构组成，评估人员必须具备相关的专业知识和实践经验，以确保评估工作的专业性和准确性。第二是维护评估的公正性。资产评估往往涉及多方利益，因此评估过程的公正性至关重要。专业性原则通过要求评估机构和人员保持独立、客观的工作态度，不受利益方的干扰和影响，从而维护评估结果的公正性。第三是提高评估的准确性。资产评估的准确性对于资产交易、投资决策等具有重要意义。专业性原则要求评估机构和人员遵循科学的评估方法和程序，确保评估结果的准确性，为相关决策提供可靠的依据。

四、数据资产评估专业性原则的应用

在数据资产评估原则中，专业性原则的应用场景十分广泛，涵盖了数据资产评估的各个环节和领域，主要包括数据资产风险分析、数据资产交易、数据资产管理和数据资产税务处理四个场景。

1. 数据资产风险分析场景

在评估数据资产价值时，专业性原则要求评估人员对数据资产的应用场景、市场前景、应用风险等进行分析和预测。这需要对相关行业的市场动态、政策法规、技术发展趋势等有深入的了解。

2. 数据资产交易场景

在数据资产交易中，专业性原则要求评估人员为数据资产提供准确的定价依据。这需要对数据资产的价值进行深入分析和评估，以确保交易的公平性和合理性。数据资产交易往往涉及复杂的交易结构和合同条款。专业性原则要求评估人员根据交易双方的需求和风险承受能力，设计合理的交易结构，明确双方的权利和义务。

3. 数据资产管理场景

企业通常拥有大量的数据资产，但并非所有数据资产都具有相同的价值。专业性原则要求评估人员通过对数据资产的价值评估，帮助企业优化数据资产配置，提高数据资产的使用效率和价值。在数据资产投资决策中，专业性原则要求评估人员对数据资产的投资价值进行深入分析和评估，为企业提供科学的投资决策依据。

4. 数据资产税务处理场景

在数据资产税务处理中，专业性原则要求评估人员根据税法规定和税收政策，对数据资产的价值进行评估，为企业进行税务筹划提供依据。

✎ 小贴士

在进行数据资产评估时，需要遵循数据资产评估基本原则，以下是一些注意要点：

1. 保持独立性和客观性，在评估过程中，评估机构和评估人员应始终保持独立地位，不受任何外界干扰和内部偏见的影响，要基于事实和数据进行评估，避免主观臆断和情感因素干扰评估结果。可以参照资产评估行业公认的独立性和客观性标准，建立严格的内部控制制度，确保评估工作的独立性。

2. 全面覆盖数据资产各维度指标，在评估数据资产时，应全面考虑其信息属性、法律属性和价值属性等各个方面，要详细分析数据资产的名称、结构、来源、权利状况以及应用场景等，确保评估结果能够全面反映数据资产的实际价值。可以参考数据资产评估的相关标准和规范，制定详细的评估指标体系。

3. 随数据资产变化及时调整和更新，数据资产的价值会随着时间、市场环境和技术进步等因素的变化而变化，因此，评估机构和评估人员应密切关注数据资产的变化情况，及时调整和更新评估结果。可以建立定期评估机制，对数据资产进行动态跟踪和评估。

第二章

数据资产评估的特有原则

▶▶▶

　　数据资产评估的特有原则对于确保信息时代的资产价值准确性和决策支持至关重要。数据资产评估的特有原则包括预期收益原则、替代原则、最佳效用原则、贡献原则、评估时点原则及外在性原则。如果企业遵循这些原则，就能够实现对数据资产的精确评估，从而优化资源配置，降低风险，并提升市场竞争力。

第一节　数据资产评估的预期收益原则

一、数据资产评估的预期收益原则的概念和意义

1. 数据资产评估预期收益原则的概念

在数据资产评估原则中，预期收益原则扮演着至关重要的角色。预期收益原则，也称为期望收益原则，是指在进行数据资产评估时，必须合理预测被评估资产能够为其所有者或控制者带来的预期收益。这一原则强调资产的价值应基于其未来可能产生的经济效益来评估，而非仅仅基于其过去或当前的市场价格或成本。在数据资产评估的语境下，预期收益原则意味着评估人员需要综合考虑数据资产在未来可能为企业带来的各种经济利益，如销售收益、成本节约、决策优化等，以此来确定数据资产的价值。

2. 数据资产评估预期收益原则的意义

数据资产评估的预期收益原则具有三个重要意义。一是指导评估实践，预期收益原则为数据资产评估提供了明确的方向和准则。它要求评估人员不仅关注数据资产当前的状况，更要着眼于其未来的收益潜力。这有助于评估人员更全面地了解数据资产的价值，从而做出更准确的评估。二是反映资产真实价值，通过考虑未来预期收益，预期收益原则能够更真实地反映数据资产的价值。因为数据资产的价值往往不仅仅体现在其当前的使用价值上，更体现在其未来的收益潜力上。这种评估方式有助于企业更准确地了解数据资产的实际价值，为数据资产的交易、投资等提供决策依据。三是促进数据资产的有效利用，预期收益原则的应

用有助于企业更充分地认识到数据资产的价值和潜力，从而激发企业更好地利用和管理数据资产，这不仅可以提高企业的经济效益，还有助于企业在激烈的市场竞争中获得优势。

二、数据资产评估预期收益原则的基本内涵

预期收益原则的基本内涵在于以数据资产的未来预期收益为核心，综合考虑多种因素进行评估，强调市场洞察力，并旨在全面反映资产的真实价值。

1. 预期收益

预期收益作为评估核心，预期收益原则要求评估人员关注数据资产在未来可能产生的经济收益，这包括直接的货币收益以及通过提高运营效率、优化决策等方式间接带来的收益。预期收益原则更注重资产的未来价值，即资产在未来能够创造的经济利益。

2. 综合考虑多种因素

综合考虑多种因素，包括数据资产使用年限、预期收益率以及风险因素。数据资产的使用年限对其价值具有重要影响。评估人员需要合理预测数据资产在未来能够持续产生收益的时间长度。预期收益率是衡量数据资产赢利能力的重要指标。评估人员需要基于市场情况、数据资产的独特性及其在行业中的应用前景等因素，合理预测其预期收益率。数据资产的风险因素是指未来收益总是伴随着一定的风险。评估人员需要考虑可能影响数据资产未来收益的各种风险因素，如市场竞争、技术变革、政策法规变化等，并据此调整评估结果。

3. 强调市场洞察力

预期收益原则要求评估人员具备敏锐的市场洞察力，能够准确判断市场趋势和预测未来收益状况。同时，随着市场环境的变化和数据资产本身的发展，其预期收益也可能发生变化。因此，评估人员需要根据实际情况动态调整评估结果，以确保评估的准确性和时效性。

4. 反映资产真实价值

通过综合考虑数据资产的未来收益、使用年限、预期收益率和风险等因素，预期收益原则能够更全面地反映数据资产的真实价值。基于预期收益原则的评估结果有助于企业更准确地了解数据资产的价值和潜力，从而激励企业更好地利用和管理数据资产，提高经济效益。

三、数据资产评估预期收益原则的特点和原理

1. 数据资产评估预期收益原则的特点

预期收益原则在数据资产评估中具有前瞻性、动态性、综合性、科学性四个特点。一是前瞻性，预期收益原则注重对未来收益的预测和估算，这要求评估人员具备敏锐的市场洞察力和预测能力。这种前瞻性有助于确保评估结果能够反映数据资产的真实价值和潜在收益。二是动态性，由于市场环境、技术进步和竞争状况等因素的不断变化，数据资产的未来收益也会随之发生变化。因此，预期收益原则要求评估人员根据市场变化及时调整评估方法和参数，以确保评估结果的时效性和准确性。三是综合性，预期收益原则在评估数据资产价值时，需要综合考虑多种因素，包括数据资产的质量、数量、应用场景、市场需求等。这种综合性有助于确保评估结果的全面性和准确性。四是科学性，预期收益原则基于资产未来预期收益潜力的贴现来评估其价值，通过运用适当的评估方法和参数，可以得出客观、准确的评估结果。

2. 数据资产评估预期收益原则的原理

预期收益原则的原理主要基于资产未来预期收益潜力的贴现来评估其价值。这一原理认为，资产的价值不是基于其历史价格、生产成本或过去的市场状况，而是基于市场参与者对其未来所能获取的收益或得到的满足、乐趣等的预期。在数据资产评估中，预期收益原则的原理具体表现为三个方面：一是未来收益资本化，将数据资产未来预期产生的经济收益进行资本化处理，即将其折现到当前时点，以估算数据资产的价值；二是考虑多重影响因素，在估算未来收益时，需要综合考虑数据资

产的使用年限、预期收益率、市场需求、竞争状况以及风险因素等多种因素；三是反映市场参与者预期，预期收益原则强调反映市场参与者对数据资产未来收益的预期，这有助于确保评估结果的客观性和准确性。

四、数据资产评估预期收益原则的应用

数据资产评估预期收益原则具有广泛的应用场景，包括企业内部决策支持、数据资产交易与定价、风险评估与管理、企业并购与重组、企业融资与上市五个应用场景：

1. 企业内部决策支持场景

企业在决定是否投资于数据收集、处理或分析项目时，可以运用预期收益原则来评估数据资产的未来价值，从而做出更明智的投资决策。通过评估数据资产的预期收益，企业可以更好地了解数据资产在整体业务中的价值，进而合理配置资源，优化业务布局。

2. 数据资产交易与定价场景

在数据资产交易过程中，买卖双方可以依据预期收益原则来评估数据资产的价值，从而确定合理的交易价格。预期收益原则有助于揭示数据资产的潜在价值，促进数据资产的有效流动和高效利用。

3. 风险评估与管理场景

通过评估数据资产的预期收益，企业可以更好地了解数据资产面临的风险和不确定性，从而采取相应的风险管理措施。在面临数据资产相关决策时，预期收益原则可以为企业提供有力的决策支持，帮助企业做出更稳健的决策。

4. 企业并购与重组场景

在企业并购或重组过程中，预期收益原则可以用于评估目标企业数据资产的价值，为并购或重组决策提供重要参考。通过评估数据资产的预期收益，企业可以更好地了解并购或重组后可能产生的协同效应，从而优化并购或重组策略。

5. 企业融资与上市场景

企业在融资过程中，可以运用预期收益原则来评估数据资产的价值，从而确定合理的融资规模和估值。对于准备上市的企业来说，预期收益原则有助于揭示数据资产在整体业务中的价值，为上市定价和投资者关系管理提供重要参考。

第二节　数据资产评估的替代原则

一、数据资产评估替代原则的概念和意义

1. 数据资产评估替代原则的概念

数据资产评估的替代原则是指在评估资产价值时，可以使用类似的替代物来确定其价值。这种替代物可以是相似的资产、市场上的其他同类资产或者是其他可比较的指标。当面对几种相同或相似资产的不同价格时，应取较低者为评估值，或者说评估值不应高于替代物的价格。这一原则要求评估人员从购买者的角度进行资产评估，因为资产评估价值应是资产潜在购买者愿意支付的价格。

2. 数据资产评估替代原则的意义

数据资产评估的替代原则在实施数据资产评估的过程中具有重要意义。一是提高评估准确性，替代原则的应用可以在一定程度上提高资产评估的准确性和可靠性。特别是在数据资产评估中，由于数据资产本身存在可复制、可共享、可升级等特点，通过寻找类似的替代物来确定其价值，可以更加客观地反映数据资产的市场价值。二是弥补市场信息不完全性，在实际情况中，有些数据资产可能没有明确的市场价格或者交易记录，这使得直接确定其价值变得困难。此时，替代原则的应用可以弥补市场信息不完全性的缺陷，通过寻找相似的替代物来确定其价值。

三是促进市场公平竞争，替代原则的应用有助于促进市场公平竞争。它要求评估人员以买者的身份对待包括被评估资产在内的各种同类资产，比较各种资产的价格，从而确保被评估资产的价值不会高于市场上相同或可替代的资产的价格。

二、数据资产评估替代原则的基本内涵

数据资产评估替代原则的基本内涵包括市场供需关系、资产相似性、价格或价值比较三个方面：

1. 市场供需关系

替代原则强调市场供需关系对数据资产价值的影响。在数据资产评估中，如果存在与被评估数据资产相似的替代资产，那么这些替代资产的市场供应量将直接影响被评估数据资产的价值。当市场上替代资产供应充足时，被评估数据资产的价值可能会相应降低；反之，当市场上替代资产供应稀缺时，被评估数据资产的价值可能会相应提高。

2. 资产相似性

替代原则要求评估人员需要准确判断哪些数据资产可以作为被评估数据资产的替代物。这通常涉及对数据资产类型、用途、质量、完整性、可用性等方面的综合分析。只有与被评估数据资产在功能、用途、质量等方面相近或相似的其他数据资产，才能被视为有效的替代物。

3. 价格或价值比较

替代原则强调在评估过程中需要对被评估数据资产与替代资产的价格或价值进行比较。这通常需要对市场上类似数据资产的交易价格或评估价值进行收集和分析，以确保评估结果的客观性和合理性。

三、数据资产评估替代原则的特点和原理

1. 数据资产评估替代原则的特点

数据资产评估中，替代原则包括市场导向性、比较性、动态性、客观性四个特点。一是市场导向性，替代原则强调市场供需关系和竞争机

制对数据资产价值的影响，体现了市场导向的评估理念。在评估过程中，评估人员需要关注市场上相似或相同效用的替代资产的价格水平，以确保评估结果的客观性和合理性。二是比较性，替代原则要求评估人员将被评估资产与市场上的替代资产进行比较，以确定其合理的价值水平。这种比较性特点使得评估结果更加具有说服力和可信度。三是动态性，由于市场环境和替代资产的价格水平是不断变化的，因此替代原则在数据资产评估中的应用也具有动态性。评估人员需要密切关注市场动态，及时调整评估方法和参数，以确保评估结果的时效性和准确性。四是客观性，替代原则强调评估过程中应充分考虑市场上替代资产的存在及其价格水平，以避免主观臆断和偏见对评估结果的影响。这种客观性特点使得评估结果更加公正、合理。

2. 数据资产评估替代原则的原理

替代原则作为资产评估领域的一项基本准则，其原理体现在四个方面。

一是市场供需关系的反映，替代原则首先体现的是市场供需关系的基本原理。在自由竞争的市场环境中，商品或资产的价值并非由单一因素决定，而是受到市场供需力量的共同影响。当市场上存在多种相似或相同效用的资产时，消费者或投资者会根据价格、质量、服务等多种因素进行选择。替代原则强调，在这种情况下，被评估资产的价值将不可避免地受到市场上其他替代资产价格水平的影响。这是因为，如果某一资产的价格明显高于其替代资产，消费者或投资者往往会转向购买价格更低、效用相似的替代资产，从而实现成本效益的最大化。

二是商品交换的普遍规律，替代原则还基于商品交换的普遍规律。在商品经济中，商品或资产的交换遵循着等价交换的原则，交换双方都希望以尽可能低的价格获得尽可能高的效用。替代原则要求评估人员在评估过程中，将被评估资产与市场上的替代资产进行比较，以确定其合理的价值水平。这种比较不仅考虑了价格因素，还综合考虑了资产的质量、效用、稀缺性等多种因素。通过比较，评估人员可以更加客观地确定被评估资产的价值，使其更符合市场交换的普遍规律。

三是市场竞争的影响，存在竞争的市场是替代原则发挥作用的重要环境。在竞争激烈的市场中，各种资产的价格和价值都处于不断变动之中。替代原则要求评估人员在评估过程中，应密切关注市场竞争态势和替代资产的价格水平变化。通过及时调整评估方法和参数，评估人员可以确保评估结果的时效性和准确性。同时，替代原则的应用也有助于促进市场竞争的公平性和有效性，防止价格垄断和不公平竞争行为的发生。

四是成本效益最大化的追求，替代原则的核心在于实现成本效益的最大化。在评估某一资产的价值时，评估人员需要综合考虑市场上替代资产的存在及其价格水平。通过比较和选择，评估人员可以确定被评估资产的合理价值水平，使其既符合市场供需关系和商品交换的普遍规律，又能够实现成本效益的最大化。这种追求成本效益最大化的理念在数据资产评估领域尤为重要，因为数据资产的价值往往与其使用效果、应用场景等多种因素密切相关。

四、数据资产评估替代原则的应用

数据资产评估替代原则的应用场景非常广泛，主要体现在以下四个方面。

1. 企业自用数据资产评估

在企业内部，数据资产往往被用于决策支持、运营优化、产品创新等多个方面。当企业需要对自身拥有的数据资产进行价值评估时，可以参考市场上类似数据资产的交易价格或成本，以确定一个相对合理的评估值。这有助于企业更好地理解和利用数据资产的价值，优化资源配置，提升运营效率。

2. 数据资产交易定价

随着数据市场的不断发展，数据资产交易日益频繁。在数据资产交易过程中，买卖双方需要确定一个公平合理的交易价格。此时，可以运用替代原则，参考市场上类似数据资产的交易价格或成本，以及考虑数据资产的独特性、稀缺性、质量等因素，来确定交易价格。这有助于促进数据市场的健康发展，提高数据资产交易的透明度和效率。

3.数据资产融资与抵押

一些企业可能希望将自身的数据资产作为融资或抵押物，以获取资金支持。在这种情况下，需要对数据资产进行准确的价值评估。替代原则可以作为评估方法之一，通过参考市场上类似数据资产的价值，以及考虑数据资产的实际情况和潜在风险，来确定一个合理的评估值。这有助于金融机构更好地了解数据资产的价值和风险，做出更明智的决策。

4.数据资产入表与财务报告

根据最新的会计准则和规定，符合条件的数据资产可以被纳入企业的资产负债表和财务报告中。在进行数据资产入表时，需要对其价值进行评估。替代原则可以作为评估方法之一，通过参考市场上类似数据资产的价值，以及考虑数据资产的实际情况和企业的特定需求，来确定一个合理的评估值。这有助于提高企业财务报告的准确性和透明度，更好地反映企业的真实财务状况和经营成果。

第三节　数据资产评估的最佳效用原则

一、数据资产评估最佳效用原则的概念和意义

1.数据资产评估最佳效用原则的概念

最佳效用原则是指，当一项具有多种用途或潜能的资产（包括数据资产）在公开市场条件下进行评估时，应按照其最佳用途来评估资产价值。这一原则强调在评估过程中，应充分考虑资产在不同使用方式下可能产生的最大预期收益，从而确定其最合理的价值。

2. 数据资产评估最佳效用原则的意义

最佳效用原则在数据资产评估中具有重要意义。一是准确反映资产价值，最佳效用原则要求评估人员从资产的最佳使用角度出发，考虑其潜在的最大收益能力，有助于更准确地反映资产在市场上的真实价值，为决策者提供更为可靠的参考依据。二是促进资源优化配置，通过遵循最佳效用原则，可以引导资源向更高效、更有价值的领域流动，从而实现资源的优化配置，有助于提升整体经济效益，推动社会经济的持续健康发展。三是提升数据资产利用效率，对于数据资产而言，最佳效用原则鼓励企业或个人充分挖掘和利用数据的潜在价值，通过创新应用和技术手段提升数据资产的利用效率，有助于推动数据要素的市场化配置，加速数据经济的发展。四是增强市场竞争力，准确评估数据资产的价值并充分利用其最佳效用，有助于企业在市场竞争中占据有利地位。通过精准的数据分析和决策支持，企业可以更好地把握市场机会，优化产品和服务，提升客户满意度和忠诚度。

二、数据资产评估最佳效用原则基本内涵

数据资产评估最佳效用原则的基本内涵包括物理状态的最佳使用、法律许可性、技术可行性、经济可行性。

1. 物理状态的最佳使用

物理状态的最佳使用指的是数据资产的物理状态，如完整性、准确性、时效性等，直接影响其使用价值。在评估时，应假设数据资产处于最佳物理状态，即数据完整、准确且及时，能够充分满足使用者的需求。

2. 法律许可性

法律许可性指的是数据资产的使用必须遵守相关法律法规和政策规定。在评估时，应确保所假设的最佳使用方式在法律上是得到允许的，以避免因违法使用而导致的价值减损。

3. 技术可行性

技术可行性指的是数据资产的最佳使用方式应技术上可行，即有有

效的技术手段和方法来实现这一使用方式。评估人员需要关注当前的技术发展趋势和市场上的技术手段，以确保所假设的最佳使用方式具有技术上的支持。

4. 经济可行性

经济可行性是最佳效用原则的重要组成部分。评估人员需要分析数据资产在最佳使用方式下可能产生的经济收益，包括直接收益和间接收益，并考虑相关成本和费用，以确定该使用方式在经济上是否可行。

三、数据资产评估最佳效用原则的特点和原理

1. 数据资产评估最佳效用原则的特点

数据资产评估最佳效用原则具有综合性、动态性、市场导向性、法律合规性四个特点。一是综合性，最佳效用原则要求评估人员综合考虑数据资产的多个方面，包括物理特性、法律许可性、技术可行性和经济可行性等，以确定其最佳使用方式。这种综合性评估有助于更全面地反映数据资产的价值。二是动态性，数据资产的价值并非一成不变的，而是随着技术进步、市场需求变化等因素而不断变化的。因此，最佳效用原则要求评估人员关注市场动态和技术发展趋势，及时调整对数据资产最佳使用方式的假设，以确保评估结果的准确性和时效性。三是市场导向性，最佳效用原则强调从市场需求和经济效益的角度出发，评估数据资产的价值。这意味着评估结果应能够反映数据资产在市场上的实际价值和应用潜力，为数据资产的交易和配置提供有力支持。四是法律合规性，在评估数据资产的最佳效用时，必须确保所假设的使用方式符合相关法律法规和政策规定。这一特点体现了最佳效用原则在法律合规性方面的严格要求，有助于避免因违法使用数据资产而导致的法律风险和价值减损。

2. 数据资产评估最佳效用原则的原理

最佳效用原则的原理主要基于资产效用最大化的经济学原理。这一原则认为，在评估数据资产的价值时，应当考虑资产在最佳使用状态下

所能产生的最大效用，并以此作为评估价值的基础。这一原理需要关注数据资产的最佳使用状态和数据资产的效用最大化。数据资产的最佳使用状态指数据资产在特定条件下能够产生最大效用的使用方式。这要求评估人员综合考虑数据资产的特性、市场需求、技术条件等因素，以确定其最佳使用状态。数据资产的效用最大化指数据资产在最佳使用状态下能够产生的最大效用，包括数据资产的经济价值、社会价值等多个方面。评估人员需要通过分析数据资产的使用效果、市场需求、竞争格局等因素，来评估其效用最大化的潜力。

四、数据资产评估最佳效用原则的应用

数据资产评估最佳效用原则在数据资产评估中的应用场景广泛，主要体现在企业决策与战略制定、数据交易与融资、民生建设与社会发展、科研与产业发展四个方面的应用场景。

1. 企业决策与战略制定场景

通过评估不同数据资产在精准营销场景下的效用，企业可以更有效地定位目标客户群体，提高营销活动的转化率。在风险管控方面，最佳效用原则有助于企业识别关键风险指标，并利用数据资产进行实时监测和预警，从而降低潜在风险。企业在制定商业决策时，可以基于最佳效用原则对数据资产进行评估，以选择最优的数据应用方案，支持企业的业务发展和战略转型。

2. 数据交易与融资场景

在数据交易市场中，最佳效用原则为数据资产的定价提供了重要参考。通过评估数据资产在不同应用场景下的效用，可以确定其合理的市场价格，促进数据资产的流通和交易。企业可以将数据资产作为质押物进行融资。在融资过程中，最佳效用原则有助于评估数据资产的价值和潜在收益，为金融机构提供决策支持。

3. 民生建设与社会发展场景

政府和社会组织可以利用最佳效用原则评估数据资产在公共服务

领域的应用效果，如交通管理、环境保护、医疗健康等，以优化资源配置，提高公共服务水平。通过评估数据资产在社会治理中的作用和效用，可以推动社会治理创新，提高社会治理的智能化和精细化水平。

4. 科研与产业发展场景

在科研领域，最佳效用原则有助于评估科研数据的质量和价值，为科研项目的立项、实施和成果转化提供决策支持。在产业发展中，最佳效用原则可以指导企业如何更有效地利用产业数据，推动产业升级和转型发展。

第四节　数据资产评估的贡献原则

一、数据资产评估贡献原则的概念和意义

1. 数据资产评估贡献原则的概念

贡献原则指的是某一资产或资产的某一构成部分的价值，取决于它对其他相关的资产或资产整体价值的贡献。在评估某项资产时，不能孤立地看待其价值，而应综合考虑它在整体资产组合中的作用和贡献。这一原则同样适用于数据资产评估，即数据资产的价值应基于其对业务决策、运营效率、产品创新等方面的贡献来衡量。

2. 数据资产评估贡献原则的意义

在数据资产评估中，贡献原则是一个核心概念，它对于确保数据资产评估的准确性和合理性具有重要意义。一是确保评估的全面性，贡献原则要求评估人员从整体资产组合的角度出发，考虑数据资产在其中的作用，有助于避免片面强调数据资产自身的价值，而忽视了其在整体资产组合中的协同效应和贡献。二是提高评估的准确性，综合考虑数据资产对整体资产组合的贡献，可以更准确地评估其价值，有助于减少评估过程中的主观性和不确定性，提高评估结果的准确性和可靠性。三是指

导数据资产的合理利用，贡献原则有助于揭示数据资产在业务决策、运营效率等方面的价值，从而指导企业更合理地利用这些资产。例如，企业可以根据数据资产的价值贡献来制定数据战略、优化数据治理结构等。四是推动数据要素市场化配置，在数字经济时代，数据已成为重要的生产要素。遵循贡献原则进行数据资产评估，有助于推动数据要素的市场化配置，促进数据资源的有效流动和优化配置。

二、数据资产评估贡献原则的基本内涵

数据资产评估的贡献原则包括整体价值贡献、相对重要性、缺失影响分析三个基本内涵。

1. 整体价值贡献

数据资产的价值应被视为其对整体资产组合或业务运营价值的提升所做出的贡献。在评估时，需要分析数据资产如何促进决策优化、提升运营效率、增强创新能力等，从而增加整体资产的价值。

2. 相对重要性

贡献原则要求评估人员识别并量化数据资产在整体资产组合中的相对重要性。通常涉及对数据资产的使用频率、影响范围、稀缺性等因素的考量。

3. 缺失影响分析

另一种衡量数据资产价值的方法是评估其缺失时对整个资产组合或业务运营价值的潜在影响。如果某项数据资产的缺失会导致整体价值的显著下降，那么可以推断出该数据资产具有较高的价值贡献。

三、数据资产评估贡献原则的特点和原理

1. 数据资产评估贡献原则的特点

数据资产评估贡献原则的特点可以归纳为整体性、动态性、相对性、综合性四点。一是整体性，贡献原则强调从整体资产组合的角度来评估数据资产的价值，而不是孤立地看待单个数据资产。二是动态性，

数据资产的价值是随着其在整体资产组合中的角色和功能的变化而变化的。因此，贡献原则要求评估人员具备敏锐的市场洞察力和业务理解能力，能够准确捕捉数据资产价值的变化趋势。三是相对性，数据资产的价值是相对的，它取决于与其他相关资产或整体资产组合的价值贡献比较。评估人员在进行评估时，必须充分考虑各种因素对数据资产价值的影响，并进行合理的比较和权衡。四是综合性，贡献原则要求在进行数据资产评估时，必须综合考虑多种因素，包括数据资产的质量、数量、时效性、稀缺性、使用频率、影响范围等，要求评估人员具备全面的知识储备和丰富的实践经验，能够准确评估数据资产的综合价值。

2.数据资产评估贡献原则的原理

数据资产评估贡献原则基于资产价值的相对性、资产间的关联性、整体资产组合的优化、动态评估的必要性四个基本原理。资产价值的相对性是指数据资产的价值不是孤立存在的，而是相对于它在整体资产组合或业务运营中所扮演的角色和贡献来确定的。这意味着数据资产的价值是动态的，会随着其在整体资产组合中重要性的变化而变化。资产间的关联性是指数据资产与其他资产之间存在着密切的关联性。这种关联性体现在数据资产如何与其他资产相互作用、共同影响整体资产组合的价值。整体资产组合的优化是指贡献原则强调从整体资产组合的角度出发来评估数据资产的价值。这意味着评估人员需要关注数据资产如何促进整体资产组合的优化和价值的最大化。合理配置和使用数据资产，可以提升整体资产组合的效率和效益。动态评估的必要性是指由于数据资产的价值是动态的，因此评估过程也必须是动态的。评估人员需要定期或根据需要对数据资产的价值进行重新评估，以确保评估结果的准确性和时效性。

四、数据资产评估贡献原则的应用

数据资产评估贡献原则在多个场景中发挥着重要作用，具体体现在以下四个场景。

1.企业内部决策场景

企业可以通过评估不同数据资产的价值贡献，来优化资源配置。例如，将更多资源投入价值贡献较高的数据资产，以提升整体业务效益。基于数据资产评估贡献原则，企业可以识别出对业务运营影响较大的数据资产，进而针对这些数据进行深入分析和优化，以提升业务效率和效果。

2.数据资产交易场景

在数据资产交易过程中，贡献原则可以为数据资产的定价提供重要参考。通过评估数据资产对买方业务的价值贡献，可以更加合理地确定交易价格。对于卖方而言，通过评估数据资产的价值贡献，可以更加清晰地了解自身数据资产的价值所在，从而在交易过程中更好地展示和推销这些资产。

3.融资与抵押场景

在寻求融资时，企业可以通过评估数据资产的价值贡献，来增加融资谈判的筹码。金融机构在评估企业价值时，也会考虑其数据资产的价值贡献。在将数据资产作为抵押物进行融资时，贡献原则可以为抵押资产的评估提供重要依据。通过评估数据资产对整体业务的价值贡献，可以更准确地确定其抵押价值。

4.风险管理场景

企业可以通过评估数据资产的价值贡献，来识别潜在的风险点。例如，对于价值贡献较高的数据资产，企业需要更加关注其安全性和合规性，以避免潜在的风险损失。在面临风险时，企业可以基于数据资产评估贡献原则，来制定更加有效的风险应对策略。例如，通过加强对数据资产的保护和管理，来降低潜在的风险损失。

第五节　数据资产评估的评估时点原则

一、数据资产评估评估时点原则的概念和意义

1.数据资产评估评估时点原则的概念

评估时点原则强调在资产评估时，必须明确一个特定的时点作为评估基准日。在这个时点上，资产的价值被视为是固定和可比较的。评估人员需要基于这个时点的市场条件、资产状况等因素来确定资产的价值。这一原则确保了评估结果的时效性和有效性，使得评估结果能够反映评估基准日时点的资产价值状况。

2.数据资产评估评估时点原则的意义

评估时点原则的意义在数据资产评估过程中具有重要意义。一是确保评估结果客观公正，通过设定评估基准日，评估时点原则为资产评估提供了一个明确的时间基准，有助于消除时间变化对评估结果的影响，确保评估结果更加客观公正。评估人员可以在同一个时点下进行比较和分析，避免了因市场条件变化而导致的评估结果偏差。二是反映企业的真实经济状况，评估时点原则使得评估结果能够反映企业在评估基准日这一时点的经济状况。通过评估，企业可以清晰地看到在特定时点下，哪些数据资产具有更高的价值贡献，从而优化资源配置和业务运营。三是提高评估结果的可靠性，遵循评估时点原则，评估人员可以基于同一时点的市场条件和数据资产状况进行评估，有助于提高评估结果的可靠性，使得评估结果更加具有说服力和可信度。

二、数据资产评估评估时点原则的基本内涵

评估时点原则有固定市场条件、确保评估结果的可比性、反映特定时点的价值三个基本内涵：

1. 固定市场条件

由于市场条件是不断变化的，数据资产的价值也会随之波动。评估时点原则通过设定评估基准日，实际上是在评估过程中假定市场条件固定在这一时点。评估时点原则保证评估人员可以在相对稳定的市场条件下进行评估工作，避免了市场条件变化对评估结果的影响。

2. 确保评估结果的可比性

评估时点原则还强调评估结果的可比性。通过设定评估基准日，评估时点原则使得不同时间点的评估结果具有了可比性，有助于企业、投资者等利益相关方在不同时间点对数据资产的价值进行比较和分析，从而做出更加明智的决策。

3. 反映特定时点的价值

在评估基准日这一特定时点上，数据资产的价值是受到多种因素影响的，包括市场条件、数据资产的质量、应用场景等。评估时点原则要求评估人员必须综合考虑这些因素，以准确反映评估基准日时点的数据资产价值。

三、数据资产评估评估时点原则的特点和原理

1. 数据资产评估评估时点原则的特点

评估时点原则有时效性、固定性、可比性、客观公正性四个特点。一是时效性，评估基准日一旦确定，评估人员就需要基于这一时点的市场条件和数据资产状况进行评估。这意味着评估结果只能反映评估基准日时点的数据资产价值状况，而不能代表它在其他时间点的价值。二是固定性，在评估过程中，评估时点原则通过设定评估基准日，实际上是在假定市场条件固定在这一时点。评估人员可以在相对稳定的市场条件下进行评估工作，避免了市场条件变化对评估结果的影响。三是可比性，由于评估基准日的明确性，评估人员可以在不同时间点对同一数据资产进行评估，并将评估结果进行比较和分析，有助于企业、投资者等利益相关方了解数据资产价值的变化趋势和规律。四是客观公正性，通过设

定评估基准日，评估人员可以在相对稳定的市场条件下进行评估工作，避免了市场条件变化对评估结果的影响。同时，评估时点原则还要求评估人员必须基于充分的事实和数据进行评估，确保评估结果的客观性和公正性。

2.数据资产评估评估时点的原理

评估时点原则基于资产价值的时间敏感性，即资产的价值并非恒定不变，而是会随着时间的推移和市场条件的变化而波动。这种敏感性源于多个方面，一是市场供求关系，市场的供求关系是影响资产价值的重要因素。随着时间的推移，市场的供求关系可能发生变化，从而导致资产价值的变化。二是技术进步，对于某些类型的资产，如技术密集型资产，技术进步可能导致其价值迅速贬值。新技术的出现可能使得旧技术变得过时，从而降低相关资产的价值。三是经济环境变化，宏观经济环境的变化，如经济增长、通货膨胀率、利率水平等，都会对资产价值产生影响。例如，在经济增长时期，市场资金充裕，资产价值可能相对较高。

四、数据资产评估评估时点原则的应用

在数据资产评估原则中，评估时点原则的应用场景十分广泛，主要涉及需要确定特定时间点数据资产价值的各种情境。以下是评估时点原则在数据资产评估中的三个典型应用场景。

1.企业并购与资产重组

在企业并购或资产重组过程中，需要对目标企业的各项资产进行评估，以确定交易价格。数据资产作为现代企业的重要资产之一，其价值的评估同样至关重要。评估时点原则要求评估人员必须明确一个特定的时点作为评估基准日，基于这一时点的市场条件和数据资产状况来确定其价值。这有助于确保评估结果的时效性和有效性，为并购或重组交易提供可靠的参考依据。

2.企业财务报告与信息披露

对于数据资产而言，评估时点原则的应用有助于确保企业在财务报

告中披露的数据资产价值是基于特定时点的市场条件和数据资产状况确定的，从而提高了财务报告的准确性和可靠性。

3. 税务筹划与合规性审查

评估时点原则的应用可以帮助企业和税务机关基于特定时点的市场条件和数据资产价值来确定相关税务事项，如资产折旧、摊销等。这有助于确保企业的税务筹划和合规性审查工作符合相关法律法规的要求。

第六节 数据资产评估的外在性原则

一、数据资产评估外在性原则的概念和意义

1. 数据资产评估外在性原则的概念

外在性是指一个经济活动的主体对它所处的经济环境的影响。在数据资产评估中，外在性指的是数据资产的价值不仅由其内在属性决定，还受到外部环境、使用场景、数据共享性等多种外部因素的影响。

2. 数据资产评估外在性原则的意义

数据资产评估外在性原则在数据资产评估过程中有重要意义。一是全面评估数据资产价值，考虑外在性有助于更全面地评估数据资产的价值，避免仅从数据本身出发而导致的价值被低估或高估。通过综合考虑外部因素对数据资产价值的影响，可以更准确地反映数据资产的市场价值和潜在价值。二是指导数据资产的开发和利用，了解数据资产的外在性特征，有助于企业更好地开发和利用数据资产。例如，企业可以根据外部市场需求和政策导向，调整数据资产的开发方向和重点，以更好地满足市场需求并获取更大的经济效益。三是促进数据资产的流通和共享，外在性强调了数据资产的共享性和可复制性，有助于促进数据资产的流通和共享。通过共享数据资产，企业可以降低成本、提高效率，并

实现数据的价值最大化。四是推动数据要素市场化配置，在数据资产评估中考虑外在性，有助于推动数据要素的市场化配置。通过明确数据资产的价值和权属关系，可以为数据交易提供价值支撑和定价参考，从而促进数据市场的繁荣和发展。

二、数据资产评估外在性原则的基本内涵

数据资产评估的外在性原则的基本内涵主要有外部因素的多样性、影响的直接性与间接性、评估的全面性与动态性。

1.外部因素的多样性

数据资产的价值不仅由其内在质量、规模、准确度等属性决定，还受到众多外部因素的影响。这些外部因素具有多样性和复杂性，可能来自政策、技术、市场等多个方面。

2.影响的直接性与间接性

外部因素对数据资产价值的影响可能是直接的，如政策法规的变更可能直接限制或促进数据资产的使用和交易，从而影响其价值。外部因素也可能通过影响数据资产的使用场景、市场需求等间接因素来间接影响数据资产的价值。

3.评估的全面性与动态性

在进行数据资产评估时，必须充分考虑这些外部因素的影响，以确保评估结果的全面性和准确性。由于外部因素可能随时发生变化，因此数据资产评估还需要具有一定的动态性，即能够随着外部因素的变化而及时调整评估结果。

三、数据资产评估外在性原则的特点和原理

1.数据资产评估外在性原则的特点

数据资产评估外在性原则具有全面性、动态性、复杂性、行业差异性四个特点。一是全面性，外在性原则强调在评估数据资产价值时，必须全面考虑各种外部因素对数据资产价值的影响。二是动态性，外部因

素处于不断变化之中，因此外在性原则要求数据资产评估必须具有一定的动态性。评估者需要密切关注外部因素的变化趋势，并及时调整评估方法和参数，以确保评估结果的时效性。三是复杂性，外部因素对数据资产价值的影响往往是复杂的，可能涉及多个方面的相互作用和相互影响。四是行业差异性，不同行业的数据资产可能受到不同的外部因素影响。因此，在应用外在性原则进行数据资产评估时，需要考虑行业差异性，并结合具体行业的特点进行评估。

2. 数据资产评估外在性原则的原理

数据资产评估外在性原则基于市场供需原理、成本效益原理、风险与收益平衡原理、外部性理论四个基本原理。一是市场供需原理，数据资产的价值受到市场供需关系的影响。外部因素如政策法规、技术进步等可能改变市场对数据资产的需求或供给情况，从而影响其价格。根据市场供需原理，当市场需求增加时，数据资产的价格可能上升；反之则可能下降。二是成本效益原理，外部因素可能改变数据资产的成本效益比。例如，技术进步可能降低数据采集和处理的成本，从而提高数据资产的效益。根据成本效益原理，当数据资产的效益增加时，其价值可能上升；反之则可能下降。三是风险与收益平衡原理，外部因素可能带来数据资产价值的风险和收益变化。例如，政策法规的变更可能增加数据资产使用的不确定性，从而降低其价值；而技术进步可能带来新的应用场景和收益机会，从而提高其价值。四是外部性理论，根据外部性理论，一个经济活动的主体可能对其他主体产生外部影响。在数据资产评估中，这种外部影响可能表现为数据资产的共享性、可复制性等特点带来的价值外溢或损失。

四、数据资产评估外在性原则的应用

数据资产评估外在性原则的应用场景广泛，涵盖了数据资产交易、客户关系管理、数据资产管理与保护、数据资产货币化四个方面：

1.数据资产交易场景

在数据资产交易过程中，买卖双方需要确定一个合理的交易价格。外在性原则要求评估者充分考虑外部因素对数据资产价值的影响，如市场需求、政策法规等，从而为交易提供科学的定价依据。全面评估外部因素对数据资产价值的影响，可以降低交易双方的信息差程度，促进交易的顺利进行。

2.客户关系管理场景

企业可以通过分析客户数据来制定个性化的营销策略。外在性原则要求评估者关注市场需求、客户偏好等外部因素对数据资产价值的影响，从而帮助企业更好地了解客户需求，提高营销效果。通过全面评估外部因素对数据资产价值的影响，企业可以更加精准地把握市场机遇，提升产品和服务的质量，从而提升客户满意度和忠诚度。

3.数据资产管理与保护场景

外在性原则要求评估者关注数据质量对数据资产价值的影响。通过对数据质量的全面评估，企业可以了解数据资产的准确性、完整性、时效性等方面的情况，为数据资产的管理和保护提供支持。在数据资产管理和保护过程中，企业需要关注政策法规、技术进步等外部因素对数据资产安全的影响。外在性原则要求评估者及时识别这些影响因素，并采取相应的措施确保数据资产的安全。

4.数据资产货币化场景

外在性原则要求评估者充分考虑外部因素对数据资产价值的影响，从而帮助企业更好地发现数据资产的潜在价值。这有助于企业制定更为有效的数据资产货币化策略，如数据销售、数据分析服务等。通过全面评估外部因素对数据资产价值的影响，可以推动数据经济的发展。企业可以更加积极地参与数据交易、数据共享等活动，促进数据资源的优化配置和高效利用。

✏️ **小贴士**

在进行数据资产评估时，需要遵循数据资产评估特有的原则，以下是一些注意要点：

1. 充分考虑市场供求状况：在评估数据资产时，应充分考虑市场需求和供给状况对数据资产价值的影响，要通过市场调研、数据分析等手段，准确把握市场趋势和供求关系，合理预测未来需求变化。可以参照市场经济中的供求原则，结合数据资产的特点进行具体分析。

2. 寻求数据资产价值最大化的最优利用方式：在评估过程中，应积极探索数据资产的最优利用方式，以实现其价值最大化，要充分考虑数据资产的特性、用途以及潜在的市场需求，通过综合分析比较确定最佳利用方案。可以参考最佳利用原则的相关理论和实践案例，为评估工作提供指导。

3. 合理应用替代原则剔除冗余数据资产：在评估数据资产时，应合理应用替代原则剔除功能冗余或价值较低的数据资产，要对比类似数据资产的性能和价格等因素，确定被评估数据资产的市场地位和价值水平。可以参照市场上的可比案例和数据资产的特性进行分析判断。

4. 基于未来收益合理预测数据资产价值：在评估数据资产时，应基于未来收益合理预测其价值水平，要综合考虑数据资产的使用年限、预期收益率和风险等因素制定评估模型和方法。可以参考预期收益原则的相关理论和实践经验确保评估结果的合理性和准确性。

5. 充分考虑数据资产在整体价值中的贡献度：当数据资产作为资产组合的一部分进行评估时，应充分考虑其在整体价值中的贡献度，要分析数据资产与其他资产的相互作用和相互影响，确定其在整体价值中的比重和地位。可以参考贡献原则的相关理论和实践案例为评估工作提供有力支持。

6. 关注外部因素对数据资产价值的影响：在评估过程中应密切关注政策法规、技术进步和市场竞争等外部因素对数据资产价值的影响，要分析这些外部因素可能带来的风险和机遇，并据此调整评估结果。可以参考外在性原则的相关理论和实践经验，以确保评估结果的全面性和准确性。

第三章

数据资产评估依据

▶▶▶▶

　　数据资产评估是一个复杂的过程，在进行数据资产评估时，需要有一定的依据，来保证数据资产评估有效开展，公平公正进行。下文将对数据资产的评估依据进行叙述。

第一节　依据法律法规

▼

数据资产所依据的法律法规分为三大类，分别是：与数据资产相关的法律法规、与资产评估相关的法律法规和与数据安全相关的法律法规，这些法律法规具有强制力，从国家层面规定了数据资产评估应当遵守的行业规范，为数据资产评估的实施提供了保障。

一、与数据资产相关的法律法规

1.《关于加强数据资产管理的指导意见》

为规范和加强数据资产管理，更好地推动数字经济发展，2023 年 12 月 31 日，财政部根据《中华人民共和国网络安全法》《中华人民共和国个人信息保护法》等，印发了《关于加强数据资产管理的指导意见》，主要包括总体要求、主要任务、实施保障等三方面十八条相关内容。其中，主要任务包括依法合规管理数据资产、明晰数据资产权责关系、完善数据资产相关标准、加强数据资产使用管理、稳妥推动数据资产开发利用、健全数据资产价值评估体系、畅通数据资产收益分配机制、规范数据资产销毁处置、强化数据资产过程监测、加强数据资产应急管理、完善数据资产信息披露和报告以及严防数据资产价值应用风险十二项内容，涵盖了数据资产管理、使用、评估、处置等多方面内容，对数据资产管理进行引导规范。

该指导意见对加速我国经济社会数字化转型，推动数据资产化发展有着深远意义。该指导意见构建了"市场主导、政府引导、多方共建"的数据资产治理模式，引导逐步建立完善数据资产管理制度，不断拓展应用场景，不断提升和丰富数据资产经济价值和社会价值，推进数据资产全过程管理以及合规化、标准化、增值化。同时，通过加强和规范公共数据资产基础管理工作，探索公共数据资产应用机制，促进公共数据资产高质量供给，有效释放公共数据价值，为赋能实体经济数字化转型升级，推进数字经济高质量发展，加快推进共同富裕提供有力支撑。

2.《企业数据资源相关会计处理暂行规定》

《企业数据资源相关会计处理暂行规定》自 2024 年 1 月 1 日起开始实施，其明确了适用范围、会计处理标准以及披露要求等内容，涵盖了对无形资产或存货中数据资源的各种会计处理情况。该规定旨在规范企业数据资源相关会计处理，为数字经济健康发展提供制度性支持。

第一个问题是数据资源计量问题，该规定中明确，企业应当按照企业会计准则相关规定，根据数据资源的持有目的、形成方式、业务模式，以及与数据资源有关的经济利益的预期消耗方式等，对数据资源相关交易和事项进行会计确认、计量和报告。共有两类：第一类是确认为无形资产的数据资源，企业使用的数据资源，符合《企业会计准则第 6 号——无形资产》规定的定义和确认条件的，应当确认为无形资产，这类数据资产应当按照无形资产准则、《〈企业会计准则第 6 号——无形资产〉应用指南》等规定，对确认为无形资产的数据资源进行初始计量、后续计量、处置和报废等相关会计处理；第二类是确认为存货的数据资源，企业日常活动中持有、最终目的用于出售的数据资源，符合《企业会计准则第 1 号——存货》规定的定义和确认条件的，应当确认为存货。

第二个问题是数据资源披露问题，该规定中对于数据资源的列报和相关披露也做了明确规定。企业在编制资产负债表时，应当根据重要性原则并结合本企业的实际情况，在"存货"项目下增设"其中：数据资源"项目，反映资产负债表日确认为存货的数据资源的期末账面价值；在"无形资产"项目下增设"其中：数据资源"项目，反映资产负债表日确认为无形资产的数据资源的期末账面价值；在"开发支出"项目下增设"其中：数据资源"项目，反映资产负债表日正在进行数据资源研究开发项目满足资本化条件的支出金额，其中：

第一类确认为无形资产的数据资源的相关披露。企业应当按照外购无形资产、自行开发无形资产等类别，对确认为无形资产的数据资源（以下简称"数据资源无形资产"）相关会计信息进行披露，并可以在此基础上根据实际情况对类别进行拆分。具体披露格式如表 3-1 所示。

表 3-1　数据资源无形资产的披露格式

项目	外购的数据资源无形资产	自行开发的数据资源无形资产	通过其他方式取得的数据资源无形资产	合计
一、账面原值				
1.期初余额				
2.本期增加金额				
其中：购入				
内部研发				
其他增加				
3.本期减少金额				
其中：处置				
失效且终止确认				
其他减少				
4.期末余额				
二、累计摊销				
1.期初余额				
2.本期增加金额				
3.本期减少金额				
其中：处置				
失效且终止确认				
其他减少				
4.期末余额				
三、减值准备				

续表

项目	外购的数据资源无形资产	自行开发的数据资源无形资产	通过其他方式取得的数据资源无形资产	合计
1. 期初金额				
2. 本期增加金额				
3. 本期减少金额				
4. 期末余额				
四、账面价值				
1. 期末账面价值				
2. 期初账面价值				

对于使用寿命有限的数据资源无形资产，企业应当披露其使用寿命的评估情况及摊销方法，数据资源无形资产的摊销期、摊销方法或残值的变更内容、原因以及对当期和未来期间的影响数等。对于使用寿命不确定的数据资源无形资产，企业应当披露其账面价值及使用寿命不确定的判断依据。对于对企业财务报表具有重要影响的单项数据资源无形资产，应单独披露该数据资源的内容、账面价值、摊销额和剩余摊销期限等内容。对于所有权或使用权受到限制的数据资源无形资产，应当披露用于担保的数据资源无形资产的账面价值、当期摊销额等情况。同时，也应当披露与数据资源无形资产减值和处置等有关的信息。

第二类确认为存货的数据资源的相关披露。企业应当按照外购存货、自行加工存货等类别，对确认为存货的数据资源（以下简称"数据资源存货"）相关会计信息进行披露，并可以在此基础上根据实际情况对类别进行拆分。具体披露格式如表 3-2 所示。

第三类是其他相关披露。企业对数据资源进行评估且评估结果对企业财务报表具有重要影响的，应当披露评估依据的信息来源，评估结论成立的假设前提和限制条件，评估方法的选择，各重要参数的来源、分析、比较与测算过程等信息。同时企业可以根据实际情况，自愿披露数据资源（含未作为无形资产或存货确认的数据资源）的一些相关信息。

例如：有关数据资源的应用场景的信息、用于形成相关数据资源的原始数据信息、企业对数据资源的加工维护和安全保护情况、数据资源的应用情况、重大交易事项中涉及的数据资源对该交易事项的影响及风险分析、数据资源相关权利的失效情况及失效事由以及数据资源转让所涉及的权利限制等信息。

表 3-2　数据资源存货的披露格式

项目	外购的数据资源存货	自行加工的数据资源存货	通过其他方式取得的数据资源存货	合计
一、账面原值				
1. 期初余额				
2. 本期增加金额				
其中：购入				
采集加工				
其他增加				
3. 本期减少金额				
其中：出售				
失效且终止确认				
其他减少				
4. 期末余额				
二、存货跌价准备				
1. 期初余额				
2. 本期增加金额				
3. 本期减少金额				
其中：转回				
转销				
4. 期末余额				
三、账面价值				
1. 期末账面价值				
2. 期初账面价值				

3.《数据资产评估指导意见》

2023 年 9 月 8 日，在财政部指导下，中国资产评估协会制定了《数据资产评估指导意见》，该指导意见对于规范数据资产评估执业行为，数据资产入表行为，保护资产评估当事人合法权益和公共利益等具有重要意义。

该指导意见包括总则、基本遵循、评估对象、评估方法等方面，共二十八条细则，充分结合了数据资产这一特殊评估对象的特点，对核查关注要点、评估作业路径、适用评估方法、报告披露要求给予明确的指引。该指导意见对与数据资产评估各种方法相关的具体模型乃至公式均进行了详细定义和解释，进一步解决了数据价值表征如何在资产评估模型中体现、如何结合数据资产特点合理选择资产评估路径、如何运用专业模型进行数据资产评估等问题，保障数据资产化相关出资、交易、转让、计量等环节的价值传导机制畅通。

4. 各地方关于数据资产管理的文件

除上述法律法规外，近年来，各省市也发布了有关数据资产管理的文件，来保障数据资产的有效管理，推动数据资产入表，推动数字化发展进程。例如：北京市发布的《北京市数字经济促进条例》《北京市数字经济全产业链开放发展行动方案》《关于更好发挥数据要素作用进一步加快发展数字经济的实施意见》等；天津市发布的《天津市加快数字化发展三年行动方案》《天津市数据知识产权登记办法》等；广东省发布的《广东省公共数据开放管理办法》《广东省数字经济促进条例》《深圳市企业数据合规指引》等；山东省发布的《山东省数字政府建设实施方案》《山东省公共数据开放办法》《数字青岛发展规划》等。

二、与资产评估相关的法律法规

1.《中华人民共和国资产评估法》

2016 年 7 月 2 日，第十二届全国人大常委会第二十一次会议审议通过了《中华人民共和国资产评估法》。《中华人民共和国资产评估法》的颁布实施，有利于更好地发挥资产评估的专业作用，为规范交易行为、提高交易效率、维护市场秩序提供重要的专业服务。《中华人民共和国资产评估法》的颁布实施，有利于保护国有资产和公共利益。国有经济在中国经济体系中具有重要地位，涉及国有资产和公共利益的评估，是评估行业的一项重要业务。

2. 资产评估法律制度体系

《中华人民共和国资产评估法》颁布施行后，相关部门和评估行业协会积极推进相关配套制度建设，形成了以《中华人民共和国资产评估法》为统领，由相关法律、行政法规、部门规章、规范性文件以及行业自律管理制度共同组成的全面、系统、完备的资产评估法律制度体系。

第一是资产评估相关法律，如《中华人民共和国企业国有资产法》《中华人民共和国民法典》《中华人民共和国公司法》《中华人民共和国合伙企业法》《中华人民共和国证券法》等；第二是资产评估行政法规，包括《国有资产评估管理办法》《全民所有制工业企业转换经营机制条例》等；第三是资产评估财政部门规章、规范性文件，财政部门规章、规范性文件，主要包括《资产评估行业财政监督管理办法》《资产评估师职业资格制度暂行规定》《资产评估师职业资格考试实施办法》《资产评估基本准则》等；第四是资产评估行业自律管理制度，如《中国资产评估协会章程》，进一步完善了协会的职责定位，优化了协会的组织体系，规范了会员管理和理事会的运作机制。

三、与数据安全相关的法律法规

1.《中华人民共和国网络安全法》

《中华人民共和国网络安全法》于 2016 年 11 月 7 日发布，自 2017 年 6 月 1 日起施行，是我国第一部全面规范网络空间安全管理方面问题的基础性法律，涵盖了网络空间主权、关键信息基础设施的保护条例，明确加强了对个人信息的保护，对企业提出了明确的要求，指导着网络产业的安全、有序运行。该法规定了网络运营者的法律义务和责任，明确实施了网络实名制，有利于构建良好的网络秩序。

2.《中华人民共和国数据安全法》

数据安全是指通过采取必要措施，确保数据处于有效保护和合法利用的状态，以及具备保障持续安全状态的能力。数据安全管理是指在组织数据安全战略的指导下，为确保数据处于有效保护和合法利用的状态，多个部门协作实施的一系列活动集合。2021 年 6 月 10 日，《中华人民共和国数据安全法》经第十三届全国人大常委会第二十九次会议表决通过，于 2021 年 9 月 1 日起正式施行。这是我国第一部有关数据安全的专门法律，该法建立了数据安全风险评估、报告、信息共享、监测预警和应急处置机制，明确了数据管理者和运营者的义务和责任。此外，该法鼓励数据依法合理有效利用，保障数据自由流动，促进数字经济发展，为我国企业在国际数据经济市场中健康发展提供保障。

3.《中华人民共和国个人信息保护法》

《中华人民共和国个人信息保护法》于 2021 年 8 月 20 日发布，于 2021 年 11 月 1 日起施行。该法明确了个人信息、敏感个人信息、自动化决策、去标识化、匿名化的基本概念，从适用范围、个人信息处理的基本原则、处理规则、跨境传输规则等多个方面对个人信息保护进行了全面规定，个人信息保护领域各主体的行为从此也有了更明确的法律依据。该法明确规定了"数据要素"概念，强调保护人权，规范个人信息处理，强化对个人敏感信息的保护，是我国个人信息保护领域的重要基础性法律。

第二节 依据行业标准

数据资产可以按照数据应用所在的行业进行划分，不同行业的数据资产具有不同的特征，这些特征可能会对数据资产的价值产生较大的影响，进而影响数据资产的评估过程和评估结果。因此，数据资产评估需要依据行业标准。下文将着重描述金融行业数据资产、电信行业数据资产以及政府数据资产。

一、金融行业数据资产

1. 金融行业的概念

金融行业包括银行业、保险业、证券业、信托业、租赁业几大领域，金融行业是高度依赖数据的行业之一，因此如何管理数据资产，如何评估数据资产，以及数据资产入表显得尤为重要。

2. 金融行业数据资产特点

金融行业数据资产的特点主要体现在以下五个方面：

第一是非实体性和无消耗性。非实体性是指与传统有形资产不同，数据资产以数字形式存在于计算机系统、存储设备或网络中，没有实体形态。这使得数据资产的管理和保护面临诸多挑战，如数据的保障性、隐私性和完整性等问题。无消耗性是指数据资产可以被多次使用而不损失其原有价值，这一特性使得数据资产成为可重复利用的资源。

第二是可复制性和可共享性。可复制性是指数据资产可以被轻松复制和传输，这种特性虽便于数据的传播和共享，但也容易带来侵权、泄露和滥用等风险。可共享性是指同一数据可以同时支持多个主体使用，不同主体对同一数据的利用将产生不同的价值。数据资产的共享性使其成为企业数据价值挖掘的关键着力点。

第三是多样性和复杂性。多样性是指数据资产的形式和来源多样化，包括结构化数据、半结构化数据和非结构化数据等。不同类型的数据需要采用不同的技术手段进行处理和分析。复杂性是指金融市场的波动、风险等因素使得金融数据具有复杂性。理解和分析这些数据的关联性，有助于更全面地把握市场动态。

第四是时效性和价值易变性。时效性是指数据资产的价值随着时间的推移而变化，需要及时更新和维护。过时的数据可能失去其原有的价值。价值易变性是指相比于传统无形资产，数据资产的价值更易受到多种因素的影响，如数据的质量、时效性、应用场景等。因此，数据资产的价值评估是一个复杂且动态的过程。

第五是重要性和战略性。数据资产对金融机构的重要性体现在多个方面，如提高运营效率、提升客户体验、推动业务创新等。通过有效的管理和利用数据资产，金融机构可以更好地了解客户需求、优化产品设计、提高服务质量和效率。战略性是指数据资产被视为 21 世纪的"新石油"，是数字经济的重要组成部分和新型生产要素。随着数字化时代的到来，数据资产在金融行业中的地位越来越重要，成为金融机构竞争的关键因素之一。

3. 金融行业数据资产评估关键点

金融行业数据资产评估，则需要针对上述特征进行价值估算。在进行金融行业数据资产评估时，需要注意数据资产的信息属性、法律属性以及价值属性。

信息属性是评估数据资产的基础，包括数据的来源、类型、结构、规模、时段、更新周期、质量和元数据标准等。金融数据通常具有高度的复杂性和多样性，因此在评估时需要充分考虑这些因素对数据价值的影响。

金融数据往往涉及敏感的商业信息和个人隐私，因此在评估数据资产时必须关注其法律属性。这包括数据权属、数据权限、数据分类、数据安全、侵权保护效力，以及许可使用、转让、诉讼和抵质押情况等。确保数据资产的合法性，避免法律风险，是金融数据资产评估中不可或缺的一环。

价值属性是评估数据资产的核心，包括数据成本信息、数据应用场景、数据稀缺性及可替代性等。在金融行业，数据资产的价值往往与其应用场景紧密相关，例如用于风险评估、市场预测、客户画像等。同时，数据的稀缺性和可替代性也会影响其价值评估。

二、电信行业数据资产

1. 电信行业的概念

电信行业是指基于通信技术和设施，通过电信网络传输、交换、处理信息，实现人与人之间、机构之间以及设备之间的信息交流和数据传递的产业。电信行业包括固定通信业务、移动通信业务、网络业务等，也是较为依赖数据的一个行业。

2. 电信行业数据资产特点

电信行业数据资产的特点主要体现在数据量大且增长迅速、数据种类多且结构复杂、数据价值高但密度低、数据敏感性强且安全性要求高和数据实时性要求高五个方面：

第一是数据量大且增长迅速。电信行业拥有海量的数据资源，这些数据来源于移动通话、固定电话、无线上网、有线宽带接入等所有业务，也涵盖线上线下渠道在内的渠道经营相关信息，所服务的客户涉及个人客户、家庭客户和政企客户。随着用户数量的不断增加和业务量的持续扩大，电信行业的数据量呈现出爆炸性增长的趋势。据互联网数据中心（IDC）预测，未来 10 年数据量将增长 50 倍，这充分说明了电信行业数据资产规模之大和增长速度之快。

第二是数据种类多且结构复杂，电信行业的数据种类繁多，包括结构化数据（如客户信息、账单信息等），半结构化数据（如日志文件、XML 文档等）和非结构化数据（如语音、视频、图像等）。这些数据在格式、结构和存储方式上都存在很大的差异，给数据的处理和分析带来了很大的挑战。然而，正是这种多样性为电信行业提供了丰富的信息来源和潜在的价值挖掘空间。

第三是数据价值高但密度低。电信行业的数据资产具有很高的商业价值，通过对这些数据进行分析和挖掘，可以提取出有价值的信息用于提升精准营销水平、提升客户感知、提升数据服务能力等方面，进而提升企业竞争力。然而，电信行业的数据也具有价值密度低的特点，即在大量的数据中，有价值的信息相对较少，需要通过先进的技术和算法进行筛选和提取。

第四是数据敏感性强且安全性要求高。电信行业的数据往往涉及用户的个人信息和通信记录等敏感信息，这些数据一旦泄露或被滥用，将给用户带来严重的隐私和安全风险。因此，电信行业对数据资产的安全性要求极高，需要采取严格的数据加密、访问控制、审计追踪等安全措施来保护数据资产的安全。

第五是数据实时性要求高。电信行业的数据具有很强的实时性要求，如网络流量监控、故障预警、呼叫记录等都需要实时处理和分析。这就要求电信行业具备高效的数据处理能力和实时分析技术，以确保数据的准确性和及时性。

3. 电信行业数据资产评估关键点

电信行业数据资产评估的关键点是其法律属性、信息属性和价值属性。

一是法律属性。在评估电信行业数据资产时，首先要明确数据的法律属性，包括数据权属、数据权限、数据分类、数据安全、侵权保护效力，以及许可使用、转让、诉讼和抵质押情况等。这是确保数据资产评估合法合规的基础。

二是信息属性。评估电信行业数据资产时，需要关注数据的信息属性，包括数据的来源、类型、结构、规模、时段、更新周期、质量和元数据标准等。这些属性直接影响数据资产的价值和应用潜力。

三是价值属性。价值属性是评估数据资产的核心，对于电信行业来说，主要包括数据成本信息、数据应用场景、数据稀缺性及可替代性等。通过分析这些数据，可以评估数据资产在特定应用场景下的价值，以及其在市场上的稀缺性和可替代性。

三、政府数据资产

1. 政府的概念

政府是指国家进行统治和社会管理的机关，是国家表达意志、发布命令和处理事务的机关。政府数据资产数量庞大，领域广泛，异构性强。政府数据跨越了农业、气候、教育、能源、金融、地理空间、全球发展、医疗卫生、工作就业、公共安全、科学研究、气象气候等领域。

2. 政府数据资产特点

政府数据资产的特点主要体现在高价值密度性、可靠性、标准性、精确性、多样性、海量性、潜在价值高和权属明晰八个方面。

一是高价值密度性，政府数据是因政府某项特定工作需要而开展采集的，因此其价值密度性很高。二是可靠性，政府数据的采集过程具有合法性保障，因为政府采集数据都是依据自身职能且依法进行的，所以其采集到的数据的真实性是有很高的保障的。三是标准性，政府数据都是按特定工作内容要求进行获取或整理的，数据逻辑关系明确，数据结构合理，有较强的标准性，有利于机器读取和处理。这种标准性为政府数据资产的共享、交换和应用提供了便利。四是精确性，政府数据是政府开展各项政务工作的基础和工具，关系到国计民生，其内容必须准确、全面。五是多样性，政府数据资产的来源广泛，形式多样，包括结构化数据、半结构化数据和非结构化数据等。六是海量性，随着信息技术的不断发展，政府数据资产的规模不断扩大，呈现出海量的特点。七是潜在价值高，政府数据资产本身蕴含着潜在的价值，但需要有效地分析和处理才能挖掘出来。八是权属明晰，政府数据资产的权属明晰，由政府拥有和控制。

3. 政府数据资产评估关键点

数据资产对政府公共管理的潜在利用价值大。政府在数据占有方面拥有天然的优势，占有巨量数据是从数据中挖掘出巨大价值的前提，但由于政府数据资产来自横向的不同部门或者管理领域以及纵向的不同层级，其数据资产管理面临着巨大的难度，这一难度既有数据资产及其技术发展方面的障碍，也有政府组织之间相互独立的限制和跨职能部门交流的障碍。

一是从法律属性角度来看，政府数据资产的权属应当清晰明确，包括数据的采集权、使用权、处理权和收益权等。政府数据资产涉及国家安全、公共利益和个人隐私等敏感信息，评估时需要特别关注数据的安全性和隐私保护情况。

二是从信息属性角度来看，数据质量是评估政府数据资产价值的基础。评估时需要关注数据的准确性、完整性、一致性、时效性和可访问性等关键指标。政府数据资产的规模和结构也是评估的重要考虑因素。数据的规模越大、结构越合理，通常意味着数据的价值越高。

三是从价值属性角度来看，政府数据资产的价值往往取决于其应用场景。评估时需要分析数据资产在政府决策、社会治理、公共服务等方面的潜在应用场景和价值实现方式。这有助于更准确地评估数据资产的实际价值。

第三节　依据数据质量

数据质量是指数据在指定条件下使用时，其特性能够满足明确的或者隐含的要求的程度。数据质量直接影响着数据的价值，并且直接影响着数据分析的结果以及我们以此做出的决策的质量。质量不高的数据不仅仅是数据本身有问题，它还会影响企业经营管理决策；有错误的数据不如没有数据，在没有数据时，评估人员可以基于经验和常识的判断来做出不见得是错误的决策，而错误的数据会导致做出错误的决策。

数据质量可以从六个方面进行衡量，每个方面都从一个侧面来反映数据的品相。分别是：准确性、一致性、完整性、规范性、时效性、可访问性。下文将对这六个方面进行具体描述。

一、数据的准确性

1. 数据准确性的概念

数据准确性，即数据资产表示其所描述事物和事件的准确程度。数据是否过期、是否真实，对于其评估价值有着重要影响。

2. 数据准确性的影响因素

一是数据质量问题，数据的完整性、一致性、及时性和准确性是确保数据质量的基础。

二是数据采集和清洗过程，数据采集过程中可能引入误差，如测量工具的精度不够、人为操作失误等。

三是数据样本选择偏差，在数据分析中，样本的选择对结果的准确性有很大影响。

四是数据处理算法，不同的算法适用于不同类型的数据和问题，选择不当可能导致误导性的结果。

五是人为因素，人为因素如主观偏见、操作失误等也可能影响数据准确性。例如，在数据录入、处理和分析过程中，如果相关人员缺乏专业知识或经验，可能导致数据错误。

六是技术因素，技术因素如硬件故障、网络延迟、加密解密错误等也可能导致数据损坏或丢失，从而影响数据准确性。

七是数据源的可信度，数据源的可信度直接影响数据的准确性。不可信的数据源可能提供错误、过时或不一致的数据。

八是数据使用的环境和条件变化，随着时间推移和环境变迁，数据使用的环境和条件可能发生变化，这可能导致原本准确的数据变得过时或不再适用。

3. 数据准确性的量化标准

一是准确率，准确率是衡量数据准确性最常用的指标之一。它表示正确数据记录数占总数据记录数的比例。计算公式为：准确率 =（正确数据记录数 / 总数据记录数）× 100%。

二是差错率，差错率与准确率相反，表示错误数据记录数占总数据记录数的比例。计算公式为：差错率 =（错误数据记录数 / 总数据记录数）× 100%。

三是重复数据比例，重复数据比例用于衡量数据集中重复值的数量占总数据量的百分比。计算公式为：重复数据比例 =（重复值数量 / 总数据量）× 100%。

四是空值率，空值率用于评估数据集中缺失值的数量占总数据量的百分比。计算公式为：空值率 =（缺失或为空的记录数 / 总记录数）× 100%。

五是字段一致率，字段一致率用于衡量相同字段在不同数据源中的值是否一致。这通常通过比较不同数据源中相同字段的值来计算。

六是数据更新延迟，数据更新延迟用于衡量数据的时效性。计算公式为：数据更新延迟 = 当前时间 – 数据最后更新时间。

七是数据可访问率，数据可访问率用于评估数据的可用性和可访问性。计算公式为：数据可访问率 =（成功访问的请求数量 / 总请求数量）× 100%。

二、数据的一致性

1. 数据一致性的概念

数据一致性，即不同数据资产描述同一个事物和事件的无矛盾程度，评估数据在不同数据源之间的一致性。

2. 数据一致性的影响因素

数据一致性的影响因素包括但不限于以下七个方面。

一是数据来源的多样性。数据可能来自多个不同的系统、平台或数据源，它们可能使用不同的数据收集方法、标准和格式，导致数据不一致。

二是数据转换和传输过程中的错误。在数据转换和传输过程中，可能会出现格式转换错误、数据丢失、数据截断等问题，这些问题都可能导致数据一致性下降。

三是数据更新不及时。当数据在多个系统或平台上同时使用时，如果某个系统没有及时更新数据，就会导致数据不一致。

四是缺乏有效的数据质量管理。数据质量管理是确保数据一致性的关键步骤。然而，许多组织由于缺乏有效的数据质量管理策略和工具，无法及时发现和纠正数据质量问题。

五是缺乏清晰的数据标准和规范。当组织没有明确的数据标准和规范时，不同部门、系统或平台可能根据自己的需求和偏好处理数据，这也会导致数据不一致。

六是并发访问和事务处理，在数据库管理中，多个用户同时对数据库进行读写操作或事务处理失败可能导致数据不一致。

七是分布式系统。在分布式系统中，网络通信延迟和故障可能导致数据同步不及时，从而导致数据不一致的问题。

3. 数据一致性的量化标准

数据一致性的量化标准包括以下五个方面。

一是字段一致率，衡量相同字段在不同数据源中的值是否一致。例如，可以计算两个数据源中相同字段值相同的记录所占的比例。

二是表间字段一致率，衡量不同数据表中相关字段之间的一致性。这通常涉及跨表查询和字段匹配操作。

三是表间记录一致率，衡量不同数据表中记录之间的一致性。这通常涉及记录匹配和比较操作，以确定哪些记录在两个或多个数据源中是相同的或相似的。

四是数据准确性指标，虽然不是直接衡量一致性的指标，但数据的准确性（如准确率、差错率等）对于保持数据一致性至关重要。准确的数据可以减少因错误数据导致的不一致性。

五是数据时效性指标，数据的时效性（如采集项目及时率、单位入库及时率等）也间接影响数据一致性。过时的数据可能导致数据不一致，特别是在需要实时更新的场景中。

三、数据的完整性

1. 数据完整性的概念

数据完整性，即构成数据资产的数据元素被赋予的数值的完整程度，评估数据的完备程度，观察数据是否存在缺失值。

2. 数据完整性的影响因素

一是硬件故障。高性能计算机及其相关设备（如磁盘、电源、存储器等）可能发生故障，导致数据损坏或丢失。

二是网络故障。网络接口卡、驱动程序的问题以及网络连接问题都可能导致数据传输中断或数据损坏。网络中的辐射问题也可能对数据完整性造成影响。

三是逻辑问题。软件错误、文件损坏、数据交换错误、容量错误、不恰当的需求和操作系统错误等逻辑问题都可能导致数据完整性受损。

四是数据录入和处理错误。在数据录入和处理过程中，由于操作失误、疏忽或技术限制等原因，可能导致数据不完整或错误。

五是数据同步问题。在分布式系统或跨平台数据共享场景中，数据同步问题可能导致数据不一致或丢失。

3. 数据完整性字段缺失数

一是统计数据集中缺失字段的数量，以衡量数据完整性的缺失程度。

二是缺失记录覆盖率，计算缺失记录的数量占总记录数的比例，以评估数据集的完整性。

三是数据校验和，通过计算数据的校验，并在数据传输或存储前后进行比较，以验证数据是否被篡改。

四是计划完成率，在数据迁移、备份或恢复等计划中，计算实际完成的数据量占计划完成的数据量的比例，以评估数据完整性的实现程度。

五是数据一致性检查，通过比较不同数据源或系统中相同数据的值，以验证数据的一致性和完整性。例如，可以计算字段一致率、表间字段一致率等指标。

六是数据恢复成功率，在数据丢失或损坏后，通过数据恢复技术尝试恢复数据，并计算成功恢复的数据量占总数据量的比例，以评估数据恢复技术的有效性和数据完整性的恢复程度。

四、数据的规范性

1. 数据规范性的概念

数据规范性指的是数据符合数据标准、业务规则和元数据等要求的规范程度。

2. 数据规范性的影响因素

一是数据源多样性。数据可能来自不同的部门、系统或外部合作伙伴，这些数据源的数据格式、结构和内容可能存在差异，导致数据规范性降低。

二是缺乏统一的数据标准。在不同部门和系统之间，如果没有制定和执行统一的数据标准和规范，各部门在数据录入和处理时可能会采用不同的规则，进一步加剧数据规范性问题。

三是数据治理不足。数据治理是确保数据质量和一致性的关键环节。然而，许多企业在数据治理方面投入不足，缺乏系统的治理机制和流程，导致数据规范性难以保证。

四是数据孤岛现象。数据孤岛指的是各部门的数据独立存储和处理，无法实现互联互通，这会导致数据难以整合和规范化。

五是技术限制。传统数据处理工具和系统可能难以应对大规模、多样化的数据需求，导致数据规范性程度低。

六是数据处理流程复杂。数据处理流程往往复杂且烦琐，涉及数据采集、清洗、转换、存储、分析等多个环节，每个环节都可能存在影响数据规范性的因素。

七是数据质量问题。数据质量问题包括数据的准确性、完整性、一致性、及时性等方面的问题，这些问题都可能对数据规范性产生负面影响。

3. 数据规范性的量化标准

一是规范性得分。根据数据标准、业务规则、元数据或权威参考数据对数据集进行评估，给出规范性得分。得分越高，表示数据规范性越好。例如，可以按照数据集的记录数占比作为分数，或者按照查询结果数据记录数分级作为赋分依据。

二是字段规范性检查。对数据集中的每个字段进行规范性检查，包括字段名称、数据类型、数据格式、数据长度等，统计不符合规范的字段数量或比例。

三是数据一致性检查。通过比较不同数据源或系统中相同数据的值，评估数据的一致性和规范性。例如，可以计算字段一致率、表间字段一致率等指标。

四是数据治理成熟度评估。通过评估数据治理体系的成熟度来间接衡量数据规范性。数据治理成熟度评估通常包括数据战略、数据治理组织、数据标准、数据质量、数据安全、数据架构等多个方面。

五、数据的时效性

1. 数据时效性的概念

数据时效性，即数据真实反映事物和事件的及时程度。数据是否及时，也是评估过程中需要考虑的因素。

2. 数据时效性的影响因素

一是数据收集方法。自动化数据收集系统通常能够更快地提供数据，提高数据时效性；而传统的手工收集方法则耗时较长，可能降低数据时效性。

二是数据处理和验证过程。数据必须经过清洗、整理和验证才能用于分析，这个过程的复杂程度和严格性将影响数据的及时发布和时效性。

三是技术限制。数据处理、存储和分析技术的性能限制也会影响数据时效性。例如，在大数据环境下，如果处理系统不能快速处理大规模数据，将影响数据的及时性和时效性。

3. 数据时效性的量化标准

一是数据更新频率，衡量数据更新的频繁程度。例如，可以设定每日、每周、每月或每季度的数据更新频率，以确保数据的时效性。

二是数据延迟时间，衡量数据从产生到被收集、处理、分析和发布所经历的时间长度。数据延迟时间越短，表示数据的时效性越高。例如，可以使用数据业务时间与数据更新时间的时间差作为量化标准。

三是数据新鲜度指标，衡量数据反映现实情况的当前性。例如，在实时数据分析场景中，可以使用数据新鲜度指标来评估数据的时效性。数据新鲜度指标通常基于数据的产生时间和当前时间进行计算，以反映数据的最新状态。

六、数据的可访问性

1. 数据可访问性的概念

数据可访问性主要指的是用户在使用信息系统时，能够顺利地进行数据查询和修改操作的能力。

2. 数据可访问性的影响因素

一是数据存储系统的可靠性。存储系统的稳定性和可靠性直接影响数据的可访问性。例如，如果存储系统频繁出现故障，将导致数据无法被正常访问。

二是网络的稳定性。网络的稳定性对于远程访问数据的用户尤为重要。网络延迟、中断或带宽不足都可能影响数据的可访问性。

三是数据格式和接口标准。不同系统或应用程序可能使用不同的数据格式和接口标准。如果数据格式不兼容或接口标准不统一，将增加数据访问的难度和复杂性。

四是数据访问权限管理。严格的访问控制机制可以确保数据的安全性，但也可能导致合法用户无法及时访问所需数据。因此，需要在安全性和可访问性之间找到平衡。

五是数据分类和标签。清晰的数据分类和标签可以帮助用户快速找到所需数据，提高数据的可访问性。

六是数据备份和恢复机制。完善的数据备份和恢复机制可以确保在数据丢失或损坏时能够快速恢复数据，从而保持数据的可访问性。

3. 数据可访问性的量化标准

一是用户访问数，指用户尝试访问数据的次数。这个指标可以反映数据的需求程度和受欢迎程度。

二是用户访问成功数，指用户成功访问数据的次数。这个指标可以反映数据访问的稳定性和可靠性。

三是数据被访问成功率，指用户成功访问数据的次数占用户访问总数的比例。这个指标是衡量数据可访问性高低的关键指标之一。计算公式为：数据被访问成功率 =（用户访问成功数 / 用户访问数）×100%。

四是数据开放程度量化标准，是否对外共享，指数据资源是否具备对外共享的条件。这是衡量数据开放程度的基础指标。

五是共享字段数，指对外共享的字段数量。这个指标可以反映数据开放的广度和深度。

六是字段总数，指数据资源中总的字段数量。这个指标用于与共享字段数进行比较，以计算被访问的广度。

七是被访问的广度，指被共享字段占表单字段数的比重。计算公式为：被访问的广度 = 共享字段数 / 字段总数。这个指标可以反映数据开放的广泛程度。

八是表单记录数，指数据资源在统计时间点中的存储记录数。这个指标用于计算被访问的深度。

九是无效记录数，指数据资源在统计时间点中的存储无效记录数。这个指标用于排除无效数据对访问深度计算的影响。

十是被访问的深度，指数据资源开放内容的深度。计算公式为：被访问的深度 =（表单记录数－无效记录数）/ 表单记录数。这个指标可以反映数据开放的深入程度。

十一是数据开放程度，指数据从广度和深度两个维度综合计算得出的开放程度。计算公式为：数据开放程度 = 被访问广度 × 被访问深度。这个指标是衡量数据开放程度高低的关键指标之一。

第四节　依据数据规模

在进行数据资产评估时，数据规模也是一个重要的影响因素。数据规模大，能够为数据资产评估提供足够的数据支撑；数据规模小，可能会影响评估结果的准确性。

一、数据规模的定义

数据规模通常指的是数据集的大小或量级。可以从数据数量、数据总体体积、数据增长率、数据类型多样性、数据复杂度等维度对数据规模进行理解。

二、数据规模的量化指标

1. 数据数量

数据数量是指描述数据集中数据项或记录的总数。例如，数据库中的行数、文件的数量、社交媒体上的帖子数等。其常用单位有条、个、行、文件数等。

2. 数据总体体积

总体体积指所有数据占用的物理存储空间大小，用于评估存储需求和成本，以及数据传输的时间和带宽要求。其常用单位有字节（Byte, B）、千字节（Kilobyte, KB）、兆字节（Megabyte, MB）、吉字节（Gigabyte, GB）、太字节（Terabyte, TB）、拍字节（Petabyte, PB）等。

3. 数据增长率

数据增长率表示数据随时间增加的速度，通常以每天、每周、每月或每年的增长量来衡量。数据增长率可以帮助人们预测未来的数据存储需求和规划扩展方案。常用单位是每天、每周、每月或每年的增长量。量化方式为绝对增长率，即每天／每周／每月／每年新增的数据量；相对增长率，即每天／每周／每月／每年新增的数据量占现有数据量的百分比。

4. 数据类型多样性

数据类型多样性描述数据集中存在的不同类型的数据，如结构化数据、半结构化数据、非结构化数据等。数据类型多样性影响数据处理和分析的方法和技术选择。量化方式有数据类型数量，即数据集中不同类型的数量；数据类型分布，即每种数据类型有不同的占比。

5. 数据复杂度

数据复杂度包括数据之间的关系复杂度、数据模型的复杂度、数据清洗和预处理的难度等。数据复杂度影响数据处理效率和分析结果的准确性。量化方式为表数量，即数据库中表的数量；关系数量，即表之间的关系数量；数据模型复杂度，即数据模型的层次结构深度；数据质量评分，即数据的准确性、完整性、一致性和时效性的评分。

6. 并发访问量

并发访问量指同一时间内对数据进行读写操作的用户或系统的数量。并发访问量影响系统的并发处理能力（常用单位有并发用户数、并发请求数）和响应频率（常有单位有次／秒、次／分钟、次／小时、次／天等）。

7. 数据更新频率

数据更新频率指数据更新的速度，可以按秒、分钟、小时或天来计算。它决定了数据的实时性和系统的刷新频率。

三、数据规模对评估的影响

1. 大规模数据对评估工作的影响

大规模数据对评估工作的影响可以分为四点。

一是计算资源需求增加，大规模数据通常意味着需要更多的计算资源，包括中央处理器、内存和存储空间，以进行数据处理和分析。

这可能导致评估过程耗时较长，甚至在某些情况下，由于资源限制而无法完成评估。

二是大规模数据需要有效的数据管理和存储策略，以确保数据的可访问性、一致性和安全性，需要考虑使用分布式存储系统、数据压缩和索引技术等手段来提高数据处理的效率。

三是评估方法的选择，大规模数据可能要求使用更复杂的评估方法和技术，如分布式计算、并行处理和机器学习算法等。这些方法的选择和应用需要专业的知识和技能，以确保评估的准确性和有效性。

四是数据质量和准确性，大规模数据中可能存在更多的噪声、异常值和缺失值等问题，这些问题需要额外的处理和分析来确保评估结果的准确性；需要进行数据清洗、预处理和质量控制等步骤，以提高数据的可靠性和一致性。

2. 小规模数据对评估工作的影响

小规模数据对评估工作的影响可以分为以下三点。

一是评估结果的稳定性。小规模数据可能导致评估结果的不稳定，因为数据量较小，容易受到随机波动和噪声的影响，需要采用适当的统计方法和技术来减少这种不稳定性，如交叉验证、重复抽样等。

二是模型泛化能力。小规模数据可能无法充分反映数据的整体分布和特性，导致评估结果可能无法很好地泛化到新的数据集上，需要谨慎选择评估指标和方法，以确保评估结果的可靠性和有效性。

三是评估效率。相对于大规模数据，小规模数据的评估过程可能更加快速和高效，因为其数据量较小，处理和分析的负担较轻。然而，也需要注意避免因为数据量小而忽视评估的严谨性和准确性。

第五节　佳华科技数据资产评估依据

一、企业背景

佳华科技是一家 A 股科创板上市公司，是集物联网智能制造、数据采集、数据融合、智能分析为一体的物联网大数据服务企业。2022 年 7 月 30 日，在 2022 全球数字经济大会上，佳华科技入选全国首批数据资产评估试点单位。

二、数据资产评估依据

1. 政策与法规依据

佳华科技的数据资产评估工作遵循了国家及地方关于数据资产评估的相关政策和法规，如《上海市国有企业数据资产评估管理工作指引（试行）》，确保评估工作的合法性和规范性。

2. 行业标准与规范

评估过程中，佳华科技参考了中国资产评估协会发布的《数据资产评估指导意见》等行业标准和规范，确保评估方法的科学性和评估结果的准确性。

3. 数据规模与质量考量

佳华科技的数据资产评估充分考虑了数据的规模和质量。该公司现有原始数据接近万亿条，经过清洗汇总后形成数据产品的数据达到 200 亿条。评估过程中，对数据的准确性、完整性、一致性、时效性、可访问性等方面进行了详细考量。

4. 市场供求与潜在价值

数据资产评估还考虑了市场供求状况和数据的潜在价值。通过市场调研和分析，评估人员了解了类似数据资产的市场交易价格和价值趋势，为评估结果提供了有力支撑。

5. 专业评估机构与专家意见

佳华科技聘请了具有相应资质和数据资产评估经验的中介机构进行评估，并参考了评估专家、审计专家、法律专家、数据资产应用相关专家等的专业意见，确保评估工作的专业性和权威性。

三、评估结果

经评估，佳华科技两个大气环境质量监测和服务项目的数据资产估值达到 6 000 多万元。这一结果促进了佳华科技数据资产的"变现"，佳华科技成功获得了 1 000 万元的数据资产质押融资贷款。

不同类型的企业，在进行数据资产评估时，依据略有不同，在表 3-3 中，列出了一些重要行业的数据资产评估依据。

表 3-3 部分行业的数据资产评估依据

企业类型	法律法规依据	行业标准依据	数据规模考量	数据质量考量
科技公司	《数据资产评估指导意见》《中华人民共和国个人信息保护法》等	中国资产评估协会制定的相关标准、ISO/IEC 38500 等国际标准	数据的总容量、类型、价值密度等	数据的准确性、完整性、一致性、时效性、可访问性等
金融机构	《中华人民共和国网络安全法》《金融数据安全 数据生命周期安全规范》等	中国金融标准化技术委员会制定的相关标准、国际金融监管机构的数据评估标准	数据的覆盖范围、交易频率、用户数量等	数据的准确性、完整性、合规性、保密性等
零售企业	《中华人民共和国消费者权益保护法》《中华人民共和国电子商务法》等	中国连锁经营协会等行业组织制定的标准、国际零售行业标准	数据的多样性、用户行为数据规模等	数据的准确性、完整性、一致性、用户隐私保护等
医疗健康机构	《中华人民共和国医疗卫生与健康促进法》《中华人民共和国网络安全法》等	国家卫生健康委员会制定的相关标准、国际医疗健康数据交换标准	患者的数据量、病历数据规模等	数据的准确性、完整性、一致性、患者隐私保护等
电信企业	《中华人民共和国电信条例》《中华人民共和国网络安全法》等	中国通信标准化协会制定的相关标准、国际电信联盟（ITU）的数据评估标准	用户的通信数据量、网络流量数据等	数据的准确性、完整性、一致性、网络安全性等

✍ **小贴士**

银行业数据资产评估标准

2024年3月1日，为融入国家数据要素市场建设，加速行业探索数据要素市场化的步伐，解决商业银行数据资产价值衡量难等问题，中国银行业协会发布《银行业数据资产估值指南》（T/CBA221—2024）团体标准。该标准对于银行业估值对象、估值指标体系、估值过程以及估值保障做了详细规定，为银行业数据资产评估做出指引。

该标准以传统成熟的资产估值体系为理论依据，遵守国内标准体系、规范性文件等上位标准，以当前金融行业中不同类型、层级的数据资产为对象，兼顾数据能力建设相关需求，界定了银行业数据资产估值涉及的术语及定义，确立了估值总体原则、对象，并提供了估值指标体系构建策略、估值过程及估值管理保障方面的指导。该标准构建了全面而实用的数据资产估值框架，涵盖数据资产的识别、评估、管理到价值提升等关键环节，为全面构建我国金融领域数据资产估值体系提供了有益借鉴，有助于完善数据要素资源体系，推动数据要素市场科学有序发展和数据资产估值走向规范化、市场化，助力行业数字化转型。

第四章

数据资产评估基本事项

▶▶▶▶

　　数据资产评估的基本事项主要包括资产评估相关当事人、资产评估目的、评估对象、价值类型、评估假设、评估基准日与报告日等。这些事项是资产评估专业人员确定资产评估程序、选择评估方法、形成及编制评估报告的基础。

第一节　评估相关当事人

数据资产评估相关当事人也可以称为数据资产评估主体。数据资产评估相关当事人包括评估委托人、评估受托人、数据资产持有人、报告使用人，应明确其各自定位和作用。数据资产评估客体也被称为评估标的、评估对象。资产评估对象已在第三章体现，此处不再进行描述。

一、评估委托人

1.评估委托人的概念

作为一项民事委托受托事项，资产评估需要签订委托合同。根据《中华人民共和国资产评估法》的规定，资产评估委托人应当与资产评估机构订立评估委托合同。资产评估委托合同的委托人就是评估委托人，受托人则是评估机构，两者是民事合同的当事双方。评估委托人即与评估机构签订委托合同或自行组织评估的民事主体，一般包括三类评估委托人。第一，评估委托人即数据资产持有人或掌控人。第二，为司法审判出具意见的评估，应由法院或法官委托。为当事人诉讼请求提供依据的评估，可以由诉讼举证方委托。第三，对于涉及上市公司并购、收购或出让数据资产业务的评估，委托人应该是上市公司。由于上市公司是相关信息披露的义务人，因此一般情况下应该是评估业务委托人，或者由上市公司与其他当事人共同委托。

2.评估委托人的权利

评估委托人可以依据委托合同的约定，享有合同中规定的相关权利。《中华人民共和国资产评估法》对评估委托人的权利有如下规定：

第一是评估委托人有权自主选择符合《中华人民共和国资产评估法》规定的评估机构，任何组织或者个人不得非法限制或者干预。

第二是评估委托人有权要求与相关当事人及评估对象有利害关系的评估专业人员回避。为了保证资产评估的公正性，当发现参与评估工作的评估机构中有与相关当事人或资产评估对象存在利害关系的评估专业人员，或者评估机构安排的评估专业人员与相关当事人或资产评估对象存在利害关系时，评估委托人有权要求有利害关系的评估机构或者评估专业人员回避。

第三是当评估委托人对评估报告结论、定价、评估程序等方面有不同意见时，可以要求评估机构解释。

第四是评估委托人认为评估机构或者评估专业人员违法开展业务的，可以向有关评估行政管理部门或者行业协会投诉、举报，有关评估行政管理部门或者行业协会应当及时调查处理，并答复评估委托人。

3. 评估委托人的义务

评估委托人在享有必要权利的同时还必须承担评估委托合同约定的义务。《中华人民共和国资产评估法》对委托人的义务有以下规定：

第一是评估委托人不得对评估行为和评估结果进行非法干预，不得串通、唆使评估机构或者评估专业人员出具虚假评估报告。为了保证资产评估的客观公正性，任何人都不允许对评估机构或者评估专业人员的评估工作进行非法干预，更不能串通、唆使评估机构或评估专业人员出具虚假评估报告。

第二是评估委托人应当按照合同约定向评估机构支付费用，不得索要、收受或者变相索要、收受回扣。

第三是评估委托人应当对其提供的权属证明、财务会计信息和其他资料的真实性、完整性和合法性负责。提供真实、完整、合法的权属证明、财务会计信息和其他资料是资产评估业务正常开展的基础。所谓真实是指所提供的相关资料的内容必须反映评估对象的实际情况，不得弄虚作假；所谓完整是指提供的相关资料种类应当齐全、内容应当完整，不得有遗漏；所谓合法是指所提供的资料的内容和形式应当符合法定要求。评估委托人对其提供的权属证明、财务会计信息和其他资料的真实性、完整性和合法性负责是其最基本的义务。

第四是评估委托人应当按照法律规定和评估报告载明的使用范围使用评估报告，不得滥用评估报告及评估结论。资产评估准则要求资产评估报告明确该评估的评估目的。评估委托人使用评估报告应当符合评估目的的要求，不得将评估报告的结论用作其他目的，或者提供给其他无关人员使用。除非法律法规有明确规定，评估委托人未经评估机构许可，不得将资产评估报告全部或部分内容披露于任何公开的媒体上。

另外，《资产评估执业准则——资产评估委托合同》第十三条规定：资产评估委托合同应当约定，委托人应当为资产评估机构及其资产评估专业人员开展资产评估业务提供必要的工作条件和协助；委托人应当根据资产评估业务需要，负责资产评估机构及其资产评估专业人员与其他相关当事人之间的协调。

二、评估受托人

数据资产评估受托人即评估机构及评估专业人员。资产评估机构是依法设立的从事资产评估业务的专业机构。资产评估专业人员包括评估师和其他具有评估专业知识及实践经验的评估从业人员。相应的，资产评估的受托人在资产评估过程中也有相应的权利、义务和责任。

1. 资产评估机构的权利

根据《中华人民共和国资产评估法》的规定，评估机构享有以下权利：

第一，委托人拒绝提供或者不如实提供执行评估业务所需的权属证明、财务会计信息和其他资料的，评估机构有权依法拒绝其履行合同的要求。依照《中华人民共和国资产评估法》的规定，委托人应当为评估机构提供有关权属证明、财务会计信息和其他资料，并对其提供的权属证明、财务会计信息和其他资料的真实性、完整性和合法性负责。在委托人拒绝提供或者不如实提供执行评估业务所需的权属证明、财务会计信息和其他资料这两种情形下，评估机构都可以主张后履行抗辩权，有权拒绝委托人履行合同的要求。

第二，委托人要求出具虚假评估报告或者有其他非法干预评估结果情形的，评估机构有权解除合同。委托人进行评估的目的是确定资产的真实价值，但也有的委托人试图左右评估活动，进而达到满足自己不正当利益的目的。出于后一种动机，委托人往往会通过要求出具虚假评估报告或者其他非法方式进行干预，使评估机构不能独立、客观、公正地开展评估业务。在这种情况下，评估机构有权单方解除合同，且无须承担赔偿损失的责任。

2. 资产评估机构的责任

根据《中华人民共和国资产评估法》的规定，评估机构有以下责任：

第一，加强评估机构内部管理。评估机构应当依法独立、客观、公正开展业务，建立健全质量控制制度，保证评估报告的客观、真实、合理；评估机构应当依法接受监督检查，如实提供评估档案以及相关情况；评估机构应当建立健全内部管理制度，对本机构的评估专业人员遵守法律、行政法规和评估准则的情况进行监督，并对其从业行为负责。评估机构违反这一规定的，依法予以处罚。同时，在民事赔偿责任方面，明确评估专业人员违反《中华人民共和国资产评估法》的规定，给委托人或者其他相关当事人造成损失的，由其所在的评估机构依法承担赔偿责任。评估机构履行赔偿责任后，可以向有故意或者重大过失的评估专业人员追偿。

第二，完善风险防范机制。评估机构根据业务需要建立职业风险基金或者自愿办理职业责任保险，完善风险防范机制。评估行业是一个专业性很强的中介服务行业，涉及委托人利益、第三人利益和公共利益，需要承担较高的职业风险。为了有效应对较高的职业风险，《中华人民共和国资产评估法》规定评估机构根据业务需要建立职业风险基金，或者自办理职业责任保险，完善风险防范机制。

3. 资产评估机构的禁止行为

《中华人民共和国资产评估法》规定了资产评估机构的禁止行为，如有违反，应当由有关评估行政管理部门依法给予责令停业、没收违法所得、罚款的处罚；情节严重的，由工商行政管理部门吊销营业执照；构成犯罪的，依法追究刑事责任。这些禁止行为包括：

一是资产评估机构不得利用开展业务之便，谋取不正当利益。

二是资产评估机构不得允许其他机构以本机构名义开展业务，或者冒用其他机构名义开展业务。

三是资产评估机构不得以恶性压价、支付回扣、虚假宣传，或者贬损、诋毁其他评估机构等不正当手段招揽业务。

四是资产评估机构不得受理与自身有利害关系的业务。

五是资产评估机构不得分别接受利益冲突双方的委托，对同一评估对象进行评估。

六是资产评估机构不得出具虚假评估报告或者有重大遗漏的评估报告。

七是资产评估机构不得聘用或者指定不符合《中华人民共和国资产评估法》规定的人员从事评估业务。

八是资产评估机构不得有违反法律、行政法规的其他行为。

4. 资产评估专业人员的权利

根据《中华人民共和国资产评估法》的规定，评估专业人员享有下列权利：

第一，要求委托人提供相关的权属证明、财务会计信息和其他资料，以及为执行公允的评估程序提供所需的必要协助。评估执业需要相关的权属证明、财务会计信息和其他资料作为基础性资料，是出具评估报告的重要依据，缺乏这些资料，评估执业活动就无法进行。委托人拒绝提供或者不如实提供执行评估业务所需的权属证明、财务会计信息和其他资料的，评估机构有权依法拒绝其履行合同的要求。同时，评估专业人员还有权要求委托人提供为执行公允的评估程序所需的必要协助。

第二，依法向有关国家机关或者其他组织查阅从事业务所需的文件、证明和资料。对于评估执业所需的有些文件、证明和资料，委托人无法提供的，需要向有关国家机关或者其他组织申请查阅，有关国家机关或者其他组织对于评估专业人员依法进行评估执业的正当要求应支持配合。同时，评估专业人员应当对评估活动中使用的有关文件、证明和资料的真实性、准确性、完整性进行核查和验证。为核查和验证委托人提供的文件、证明和资料，评估专业人员也可以依法向有关国家机关或者其他组织申请查阅相关文件、证明和资料。

第三，拒绝委托人或者其他组织、个人对评估行为和评估结果的非法干预。在实践中，一些评估业务的委托人为了影响评估结果，达到非法目的，往往对评估专业人员施加非法干预，让评估专业人员出具符合其意愿的评估结果，影响评估专业人员独立、客观、公正执业，影响评估结果的合理性、公正性和严肃性。《中华人民共和国资产评估法》规定，委托人或者其他组织、个人非法干预评估行为和评估结果的，评估专业人员有权拒绝；委托人要求出具虚假评估报告或者有其他非法干预评估结果情形的，评估机构有权解除合同。

第四，依法签署评估报告。签署评估报告是评估活动的重要环节，也是评估专业人员的一项重要权利。评估报告一经签署，就可以提交委托人或者评估报告使用人使用，评估专业人员必须对其签署的评估报告负责。

第五，法律、行政法规规定的其他权利。除了《中华人民共和国资产评估法》规定的权利外，评估专业人员在评估活动中还享有相关法律、行政法规规定的其他权利。

5. 资产评估专业人员的义务

根据《中华人民共和国资产评估法》的规定，评估专业人员应当履行下列从业义务：

第一，诚实守信，依法独立、客观、公正从事业务。这是评估专业人员在评估活动中应当遵守的基本原则。评估专业人员依法独立、客观、公正从事业务，既是评估职业道德规范的要求，也是很多法律法规规定的一般要求。

第二，遵守评估准则，履行调查职责，独立分析估算，勤勉谨慎从事业务。评估准则是评估专业人员执业必须遵循的职业规范，包括评估基本准则、评估执业准则和职业道德准则。"勤勉谨慎从事业务"是专业服务行业通常应当履行的义务，这些规定的重要性在于要求评估专业人员应当认真履行必要程序，在独立分析估算的基础上编制评估报告。

第三，完成规定的继续教育，保持和提高专业能力。评估是智力型专业服务行业，评估专业人员为了保持和提高专业能力，胜任评估工作，需要持续接受继续教育。

第四，对评估活动中使用的有关文件、证明和资料的真实性、准确性、完整性进行核查和验证。评估活动中使用的有关文件、证明和资料是编制评估报告的基础依据，只有基于真实、准确、完整的文件、证明和资料，评估专业人员才能出具高水平、高质量的评估报告。评估专业人员应当对评估活动中使用的有关文件、证明和资料的真实性、准确性、完整性进行核查和验证。通过核查和验证，降低潜在风险，为有关文件、证明和资料增信。

第五，对评估活动中知悉的国家秘密、商业秘密和个人隐私予以保密。这是评估专业人员独立、客观、公正从事业务的必然要求，也是遵守《中华人民共和国保守国家秘密法》和《中华人民共和国反不正当竞争法》等的必然要求。评估专业人员开展评估活动不得损害国家利益、企业合法权益和个人隐私。

第六，与委托人或者其他相关当事人及评估对象有利害关系的，应当回避。实行回避制度有利于保证评估活动的公正性。评估专业人员与委托人或者其他相关当事人及评估对象有利害关系的，应当主动回避，向评估机构说明情况，不负责该项评估业务的办理。

第七，接受行业协会的自律管理，履行行业协会章程规定的义务。

评估专业人员应当加入评估协会，作为协会的会员，接受协会的自律管理，履行协会章程规定的义务。

第八，法律、行政法规规定的其他义务。除上文所述的从业业务外，《中华人民共和国资产评估法》和其他法律、行政法规规定的评估专业人员应当履行的义务，评估专业人员都应当积极履行。

6. 资产评估专业人员的禁止行为

根据《中华人民共和国资产评估法》的规定，评估专业人员不得从事从业禁止行为，如有违反，应当由有关评估行政管理部门给予责令停止从业、没收违法所得的处罚；构成犯罪的，依法追究刑事责任。评估专业人员因签署虚假评估报告被追究刑事责任的，终身不得从事评估业务。其从业禁止行为包括：

第一，私自接受委托从事业务、收取费用。依据《中华人民共和国资产评估法》规定，评估专业人员从事评估业务，应当加入评估机构。只有评估机构才能正式接受委托从事评估业务，评估专业人员只能接受评估机构委派从事指定的评估业务，不能私自接受委托从事业务，更不能私自收取费用。

第二，同时在两个以上评估机构从事业务。《中华人民共和国资产评估法》规定，评估专业人员从事评估业务，应当加入评估机构，并且只能在一个评估机构从事业务。这一规定主要是考虑到评估专业人员的时间和精力有限，也是为了维护评估行业正常的竞争秩序，强调评估机构对评估专业人员的行为负责的同时，要求评估专业人员不得同时在两个以上评估机构从事业务。

第三，采用欺骗、利诱、胁迫或者贬损、诋毁其他评估专业人员等不正当手段承揽业务。评估专业人员执行评估业务必须遵守独立、客观、公正的原则，无论是对待客户，还是对待同行，都要客观、公正；不论是执行评估业务，还是承揽评估业务，都要客观、公正。采用欺骗、利诱、胁迫或者贬损、诋毁其他评估专业人员等手段招揽业务，有违独立、客观、公正的原则，属于不正当竞争行为。

第四，允许他人以本人名义从事业务，或者冒用他人名义从事业务。评估专业人员从事评估业务必须守住"诚实信用"的底线，允许他人以本人名义从事业务，或者冒用他人名义从事业务，都有违"诚实信用"的原则，会对评估秩序造成扰乱。

第五，签署本人未承办业务的评估报告。强调评估专业人员签署评估报告，是一种信用保证，也是一种责任保证。签署本人未承办业务的评估报告，是一种极其不讲信用、不负责任的表现，必须予以禁止。

第六，索要、收受或者变相索要、收受合同约定以外的酬金、财物或者谋取其他不正当利益。作为专业服务人员，不得向委托人索取约定服务费用之外的不正当利益，是评估专业人员的基本职业道德要求。

第七，签署虚假评估报告或者有重大遗漏的评估报告。所谓虚假评估报告，是指评估专业人员或者评估机构故意签署、出具的不实评估报告。所谓有重大遗漏的评估报告，是指因评估专业人员或者评估机构的过失而对应当考虑的重要事项有遗漏的评估报告。评估专业人员签署虚假评估报告或者有重大遗漏的评估报告，违反了基本的诚实守信和勤勉尽责义务，严重违反职业道德。

第八，违反法律、行政法规的其他行为。评估专业人员除不得有《中华人民共和国资产评估法》规定的禁止性行为外，还不得有违反其他相关法律、行政法规的行为。

三、数据资产持有人

1. 数据资产持有人的概念

数据资产持有人是指评估对象的产权持有人。其既可能是委托人，也可能不是。目前，《中华人民共和国资产评估法》中没有单独规范数据资产持有人（或被评估单位）权利与义务的相关条款。在订立资产评估委托合同时，作为签约主体的数据资产持有人的权利及义务可以在资产评估委托合同中直接约定，对不作为资产评估委托合同签订方的数据资产持有人配合资产评估的要求，一般通过对委托人的协调义务及责任加以实现。

2. 数据资产持有人的权利

数据资产持有人享有对数据资源的全面控制权，包括原始数据的持有权、对数据加工使用的权利以及数据产品经营和交易的权限。他们不仅能够决定数据的存储、保护及初步使用方向，还能在遵守相关法律法规的前提下，对数据进行深入的分析、挖掘和处理，以挖掘数据的潜在价值并创造新的数据产品。此外，数据资产持有人还享有对数据资产的财产权，以及可能涉及的人格权和未来可能探讨的继承权。为了保障这些权利的有效行使，需要建立健全的法律法规体系、加强技术保护和推动行业自律，确保数据资产持有人的权益得到充分保护。

3. 数据资产持有人的义务

数据资产持有人在享有广泛权利的同时，也承担着重要的义务。他们必须确保数据的合法获取与合规使用，遵守相关的数据保护法规，保障数据的安全与隐私，防止数据泄露、篡改或非法利用。此外，数据资产持有人还应积极履行数据管理的责任，建立健全的数据管理制度，确保数据的准确性、完整性和可追溯性。同时，他们也应尊重他人的数据权益，不侵犯他人的合法权益，促进数据的合法流通与共享，推动数据经济的健康发展。

四、报告使用人

1. 报告使用人的概念

报告使用人是指法律法规明确规定的，或者评估委托合同中约定的有权使用数据资产评估报告或评估结论的当事人。除委托人、资产评估委托合同中约定的其他资产评估报告使用人和法律、行政法规规定的资产评估报告使用人外，其他任何机构和个人不能成为资产评估报告的使用人。

2. 报告使用人的权利

报告使用人有权按照法律规定、数据资产评估委托合同约定和数据资产评估报告载明的适用范围和方式使用评估报告或评估结论。报告使用人未按照法律、法规或资产评估报告载明的使用范围和方式使用评估报告的，评估机构和评估专业人员将不承担责任。资产评估机构和资产评估专业人员不承担非评估报告使用人使用评估报告的任何后果和责任。

3. 报告使用人的义务

数据资产评估报告使用人在使用评估报告时，承担着重要的义务。他们必须确保评估报告的合法使用，遵守相关的法律法规和行业标准，不得将报告用于非法目的或泄露给未经授权的第三方。同时，使用人应对评估报告中的信息保持谨慎态度，进行合理分析和判断，并结合自身实际情况做出决策。此外，使用人还应尊重评估机构和评估人员的劳动成果，不得篡改、歪曲或误导性地使用评估报告，以维护评估报告的公正性和权威性。

第二节　评估目的

▼

数据资产评估属于价值判断的过程，是指使用专业的理论和方法对资产的价值进行定量的估计和判断的过程。数据资产评估的目的，是数据资产评估行为及结果的使用要求与具体用途。评估目的直接决定了数据资产评估的条件和价值类型的选择。不同评估目的可能会对评估范围的界定、价值类型的选择和潜在交易市场的确定等方面产生影响。

一、数据资产交易变现行为

企业之间在进行数据资产的交易时，对交易标的进行准确且合理的评估定价是至关重要的环节。这一过程不仅关乎双方的直接经济利益，更影响着数据市场的健康发展与数据价值的最大化利用。用于交易变现行为的数据资产评估，其核心在于理解并量化数据资产在特定市场交换条件下的使用价值，这一价值从根本上取决于需求者对该数据能够为其带来的实际效用的主观判断及市场需求的整体状况。

在数据交易市场的复杂环境中，数据资产的定价成了一项极具挑战性的任务。数据资产的出售方，基于其在数据采集过程中所投入的服务器资源、带宽资源以及技术成本，加之对数据潜在价值的深刻认识——即购买方通过利用这些数据可能获得的高额经济回报，往往倾向于设定较高的价格。然而，这种定价逻辑并未充分考虑到市场接受度及购买方的实际考量。

相比之下，数据资产的购买方则持有更为谨慎的态度。他们可能对数据采集的具体难度和成本消耗知之甚少，更关心的是数据的时效性、准确性、合规性以及能否无缝融入自身的业务流程中，从而产生预期的价值。此外，购买方还会权衡数据投资与其他潜在投资渠道之间的回报比，对数据的高昂价格持保留意见。

因此，合理定价数据资产成了数据资产评估的核心议题。这要求评估者不仅要深入理解数据的内在价值，包括其稀缺性、独特性、可复用性等因素，还要准确把握市场动态，分析同类数据的交易价格、市场需求趋势以及潜在竞争态势。同时，评估过程应充分考虑数据的质量、安全性、隐私保护及合规性要求，这些因素直接或间接影响着数据的市场接受度和最终价值。

为了实现数据资产的合理定价，还需建立一套科学、透明的评估体系，包括明确评估标准、采用多元化的评估方法（如成本法、市场法、收益法等），并结合专家评估、市场调研等手段，综合考量数据资产的多维度价值。此外，加强数据交易市场的规范化建设，提高市场透明度，促进信息对称，也是推动数据资产合理定价、促进数据市场健康发展的关键所在。

二、数据资产投融资行为

数据资产的风险，作为影响其价值的关键因素，主要源自两个方面：

一是收益分配的不确定性，这涉及数据资产未来能够产生的经济效益的预测难度，以及收益如何在相关方之间分配的复杂性；二是所在商业环境的法律限制和约束，这涵盖了数据保护法规、隐私权法律、知识产权法以及跨境数据传输规定等多个维度，它们对数据资产的合法使用、交易及价值实现构成了潜在的法律障碍。

这些风险对数据资产的价值产生了深远的影响，从细微的量变累积到可能导致价值重估的质变。因此，在进行数据资产的价值分析时，必须全面而深入地考察数据资产本身的质量情况，包括但不限于数据的完整性、准确性、时效性、一致性以及可访问性。同时，数据资产的应用情况也是评估中的重要一环，需评估数据在实际业务场景中的适用性、有效性以及能够创造的价值。此外，潜在的法律风险绝不容忽视，它可能直接导致数据资产的价值贬损甚至无法合法使用。

企业在进行投融资活动时，尤其需要警惕数据资产存在的这些风险。为了合理评估数据资产的价值，企业应当委托专业的评估机构，采用科学的评估方法和严谨的评估流程，全面审视数据资产的各个方面。例如，在抵押质押融资行为中，贷款发放前的抵（质）押权评估至关重要。这一评估不仅能够帮助贷款提供方了解用于抵（质）押的数据资产的真实价值，从而为其确定授信额度或发放贷款金额提供可靠的参考依据，还能够在实现抵（质）押权时，为抵（质）押资产的折价或变现提供准确的价值参考，确保贷款提供方的权益得到有效保障。

三、数据资产侵权损失问题

数据资产面临的首要风险，无疑是数据资产本身的损失。这一风险根植于数据资产的固有特性——脆弱性与集中性。数据，作为无形却至关重要的资产，往往被大量集中存储在特定的服务器或数据中心内。这种集中存储的方式，虽然便于管理和访问，但同时也为数据资产的安全埋下了隐患。

一旦存储数据的设备遭遇物理层面的损坏，如硬件故障、意外撞击等，或是逻辑层面的破坏，比如系统崩溃、病毒恶意攻击，甚至是自然灾害的侵袭，如洪水、火灾等，都可能导致存储其中的大量数据瞬间丢失，给企业带来不可估量的损失。此外，如果数据存储的媒介设计存在缺陷、存储方式不当，或是第三方提供的数据服务存在漏洞，都可能成为数据资产损失的导火索，不仅会造成数据本身的直接损失，还会因数据恢复而产生额外的费用支出。

因此，对数据资产侵权损失的评估显得尤为重要。通过科学、合理的评估，可以量化数据资产在遭遇侵权或损失时可能遭受的经济损失，为企业制定有针对性的风险管理策略提供有力支持。在此基础上，设立数据资产保险成了一种有效的风险保障措施。数据资产保险能够为企业因数据丢失、损坏等风险导致的经济损失提供赔偿，从而减轻企业的财务负担，增强其抵御风险的能力。

随着数据资产保险市场的不断发展，一些创新性的保险产品应运而生。例如，深数所与国任保险联合设计的数据资产损失保险产品，就是其中的佼佼者。该产品的首张保单由深圳优钱信息技术有限公司投保，为其 ESG 数据提供了累计赔偿限额高达 100 万元人民币的数据资产损失费用保障。这一保险产品的推出，不仅为优钱信息技术有限公司的数据资产提供了坚实的风险保障，也为企业界树立了数据资产保护的新标杆，彰显了数据资产保险在保障企业数据安全、促进数字经济健康发展方面的重要作用。

四、数据资产相关的税赋问题

在数字经济时代背景下，数据资产作为新兴的、关键的生产要素，其转让与入表过程均涉及复杂的税赋问题，这要求各相关方在数据资产交易时必须在税赋监管部门的严格监督下进行，并依赖专业的数据资产评估来确保交易的公正性与合理性。

数据资产的转让，不仅仅是简单的信息交换，还是涉及价值转移的经济行为。为了确保税收的公平性和准确性，税务部门需要对数据资产的价值进行精确评估，以此作为征税的依据。同时，当数据资产被纳入企业的财务报表时，其税赋处理同样成为一个不可忽视的问题。如何合理确定数据资产的税基，避免重复征税或税收漏洞，是税务监管和企业财务管理共同面临的挑战。

从更宏观的角度看，数字经济的迅猛发展已成为推动经济增长的重要力量。根据中国信通院的数据，数字经济在我国 GDP 中的占比已经超过 40%，而数字经济核心产业的增加值也达到了我国 GDP 的 10% 左右。这一趋势表明，数字经济不仅是税基的重要组成部分，更是未来经济发展的核心引擎。因此，税制设计必须紧跟数字经济的步伐，既要确保税收的公平性，又要为数字经济的健康发展提供轻税鼓励。

在税制设计中，考虑到数据已成为与劳动、资本、土地、技术并列的第五大生产要素，其在资源配置和经济价值创造中发挥着至关重要的作用。为了维护课税公平，数据资产应当被纳入征税范围。然而，如何确定征税额，则是一个复杂而细致的问题。这要求我们必须建立科学、合理的数据资产评估体系，以准确反映数据资产的真实价值，为税务部门提供可靠的征税依据。

第三节　评估范围

一、评估范围的概念

1. 资产评估范围的概念

所谓资产评估范围，是对评估对象所进行的详细描述，包括其构成、物理及经济权益边界、约束条件等内容，是资产评估专业人员根据评估目的界定的对象资产边界。评估范围的确定便于报告的使用人更加清晰地理解评估对象。

2. 数据资产评估范围

近年来，随着社会各界对数据资产的认知不断加深，数据资产的评估业务也在稳步增加。数据资产是指特定主体合法拥有或者控制的，能进行货币计量的，且能带来直接或者间接经济利益的数据资源。根据数据资产在企业的经营收益模式，数据资产可以是存货类数据资产，也可以是无形资产类数据资产。执行数据资产评估业务，应当根据数据来源和数据生成特征，关注数据资源持有权、数据加工使用权、数据产品，并根据评估目的、权利证明材料等确定评估对象的权利类型。当数据资产评估对象为单项资产时，评估范围是对该项资产边界的描述；当数据资产评估涉及资产组时，评估范围为该资产组合。

二、评估范围的确定

资产评估范围应当依据法律法规的规定、实现评估目的的要求，以及评估对象的特点合理确定，并在资产评估委托合同中明确界定，具体评估范围应由委托人负责确定。

资产评估专业人员在执行资产评估业务时应当关注纳入资产评估范围的资产或者资产及负债是否与所服务的经济行为要求的评估范围一致。

1. 资产评估范围的确定依据

一是法律法规的规定。资产评估必须遵循国家相关法律法规的规定，包括但不限于《中华人民共和国资产评估法》《企业会计准则》等。这些法律法规为资产评估提供了基本的法律框架和评估准则。二是实现评估目的的要求。资产评估的目的是服务于特定的经济行为，如企业并购、资产转让、抵押贷款等。评估范围的确定应紧密围绕评估目的展开，确保评估结果能够满足经济行为的需求。三是评估对象的特点。不同的评估对象具有不同的特点和属性，如资产类型、规模、价值等。评估范围的确定应充分考虑评估对象的这些特点，以确保评估的全面性和准确性。

2. 资产评估范围的明确界定

一是在资产评估委托合同中明确。评估机构与委托人签订的资产评估委托合同是明确评估范围的重要依据。合同中应详细列明纳入评估范围的资产或资产及负债的具体内容、数量、价值等，以确保双方对评估范围有清晰的认识和一致的理解。二是具体评估范围由委托人负责确定。委托人作为资产评估的发起方，应对评估对象有深入的了解和全面的掌握。在签订委托合同时，委托人应明确告知评估机构评估对象的具体情况，并协助评估机构确定合理的评估范围。

3. 资产评估专业人员的关注点

一是关注纳入资产评估范围的资产或资产及负债。资产评估专业人员在执行评估业务时，应首先关注纳入评估范围的资产或资产及负债是否符合法律法规的规定和评估目的的要求。对于不符合规定的资产或负债，应及时与委托人沟通并调整评估范围。二是与所服务的经济行为要求的评估范围一致。评估专业人员还应确保纳入评估范围的资产或资产及负债与所服务的经济行为要求的评估范围保持一致。这要求评估人员对经济行为有深入的了解和准确的把握，以便能够准确界定评估范围并得出符合经济行为需求的评估结果。

第四节　价值类型

价值类型是指数据资产评估结果的价值属性及其表现形式。不同价值类型从不同角度反映数据资产评估价值的属性和特征。不同价值类型所代表的资产评估价值不仅在性质上是不同的，在数量上往往也存在较大差异。价值类型在资产评估中有重要作用：一是价值类型是影响和决定资产评估价值的重要因素；二是价值类型在一定程度上决定了评估方法的选择；三是通过明确价值类型，可以更清楚地表达评估结果。价值类型的种类主要包括市场价值、投资价值、在用价值等几种类型。

一、市场价值

1. 市场价值的概念

市场价值是在适当的市场条件下，自愿买方和自愿卖方在各自理性行事且未受任何强迫的情况下，评估对象在评估基准日进行公平交易的价值估计数额。

可以从以下四方面理解市场价值：

第一，自愿买方是指有购买动机，能够根据现行市场真实状况和市场期望值购买数据资产的主体。在市场价值概念下，买方会根据评估基准日市场的真实状况和预期判断进行购买，不会特别急于购买，也不会在购买时不顾及合理的价格条件，付出比市场合理价格更高的价格。

第二，自愿卖方是指有能力期望在进行必要的市场营销之后，以公开市场所能达到的最高价出售数据资产的主体。自愿卖方期望在进行必要的市场营销之后，根据评估基准日的市场条件以公开市场所能达到的最高价格出售资产。

第三，公平交易是指在没有特定或特殊关系的当事人之间进行的交易，即假设是在互相无关系且独立行事的当事人之间进行的交易，从而避免了交易当事人之间由于存在特定或特殊关系，使交易的定价偏离了市场正常的价格水平。

第四，市场价值是指在公平市场交易中，以货币形式表示的为数据资产所支付的价格。市场价值主要受到交易标的和交易市场两个方面因素的影响，其中，交易标的因素是指不同数据资产预期可获得的收益不同，不同获利能力的数据资产会有不同的市场价值；交易市场因素是指该标的数据资产将要进行交易的市场，不同的市场可能存在不同的供求关系等因素，因而也会对交易标的市场价值产生影响。

2. 市场价值的应用场景

一是数据交易场景。在数据交易市场中，买卖双方往往以市场价值作为数据资产定价的基准。通过评估数据资产的市场价值，可以为数据交易提供公平、合理的价格参考，促进数据市场的健康发展。二是融资与抵押场景。企业在融资或抵押过程中，经常需要将数据资产作为质押物。此时，评估数据资产的市场价值对于确定融资额度或抵押价值至关重要。市场价值能够客观反映数据资产的实际价值，为金融机构提供决策依据。三是投资决策场景。对于投资者而言，评估数据资产的市场价值有助于判断其投资潜力。通过比较不同数据资产的市场价值及其未来增长潜力，投资者可以做出更为明智的投资决策。四是企业价值评估。在企业并购、重组等经济行为中，数据资产往往是企业整体价值的重要组成部分。评估数据资产的市场价值，有助于更准确地估算企业的整体价值，为交易双方提供谈判依据。

二、投资价值

1. 投资价值的概念

投资价值是评估对象对于具有明确投资目标的特定投资者或者某类投资者所具有的价值估计数额，也称为特定投资者价值。投资价值与市场价值相比，除受到交易标的因素和交易市场因素影响外，最为重要的差异是它还受到市场参与者个别因素的影响，也就是受到交易者个别因素的影响。只有把个别因素作为影响评估对象价值的因素考虑进去的时候，如投资偏好、合并效应、产业链接等，这样的评估结论才能称为投资价值。

投资价值是针对特殊的市场参与者，即"特定投资者或者某一类投资者"而言的，是一项资产针对特定的投资者、满足其特定的投资或运营目标条件的价值。《资产评估价值类型指导意见》规定，当评估业务针对的是特定投资者或者某一类投资者，并在评估业务执行过程中充分考虑并使用了仅适用于特定投资者或者某一类投资者的特定评估资料和经济技术参数时，通常选择投资价值作为评估结论的价值类型。

2. 投资价值的应用场景

一是投资决策场景。对于有意向投资数据资产的投资者来说，评估数据资产的投资价值是做出投资决策的重要依据。通过深入分析数据资产的潜在价值、市场需求、竞争格局以及未来发展趋势等因素，投资者可以更好地判断数据资产的投资潜力和回报预期。二是资产定价场景。在数据资产交易过程中，投资价值可以作为买卖双方协商定价的参考依据。通过评估数据资产的投资价值，买卖双方可以更准确地把握数据资产的市场价值和潜在价值，从而达成更为公平、合理的交易价格。三是风险管理场景。投资价值评估还有助于投资者识别和管理投资风险。通过对数据资产的投资价值进行深入分析，投资者可以更全面地了解数据资产的风险状况和潜在风险点，从而制定相应的风险管理措施和应对策略。

三、在用价值

1. 在用价值的概念

在用价值是评估对象按其正在使用的方式和应用场景，对其服务的企业和组织所产生的经济价值的评估。评估结论的价值类型为在用价值时，评估对象只能是作为企业或整体资产中的要素资产或局部资产，而不是独立发挥作用的资产。在用价值的评估过程中只考虑了部分或要素资产正在使用的方式和程度及其对所属企业或者整体资产的贡献程度，没有考虑该资产作为独立资产所具有的效用及其在公开市场上交易等对评估结论的影响。部分或要素资产在评估基准日正在使用的方式和程度及其对企业或者整体资产的贡献，是影响其在用价值的决定因素。正在使用的方式和程度，是指资产在现状条件下的使用方式及程度，这种使用方式及程度可能是最佳使用，也可能不是最佳使用。

在用价值是特定资产在特定用途下对特定使用者的价值，其价值大小受评估对象对其所在企业或资产组发挥作用的方式及其使用效果的影响，体现的是资产权利人使用资产所能创造的价值，因此，在用价值也称"使用价值"。

2. 在用价值的应用场景

一是业务决策支持场景。数据资产的在用价值可以为企业或个人的业务决策提供有力支持。通过对数据资产进行深入分析和挖掘，可以发现其中的业务规律、市场趋势和潜在机会，从而为企业或个人的业务决策提供科学依据。二是优化运营流程场景。数据资产的在用价值还可以帮助企业或个人优化运营流程、提升运营效率。通过对数据资产进行实时监控和分析，可以发现运营过程中的瓶颈和问题，并采取相应的措施进行改进和优化。三是创新业务模式场景。数据资产的在用价值还可以激发企业或个人的创新思维，推动业务模式的创新和发展。通过对数据资产进行深入挖掘和利用，可以发现新的业务增长点和赢利机会，从而为企业或个人的可持续发展提供动力。

四、价值类型的选择

1. 价值类型的影响因素

影响价值类型的因素主要包括评估目的、市场条件和交易条件、评估对象自身条件（自身功能和使用方式）、与评估假设的相关性因素。评估目的具体包括对评估对象的利用方式和使用状态的宏观约束，以及对数据资产评估市场条件的宏观限定。市场条件和交易条件是资产评估的外部环境，是影响资产评估结果的外部因素。在不同的市场条件下或交易环境中，即使是相同的资产也会有不同的交换价值和评估价值。评估对象自身条件是影响数据资产评估价值的内因，对评估价值具有决定性的影响。不同功能的数据资产会有不同的评估结果，使用方式和利用状态不同的相同资产也会有不同的评估结果。不同类型的资产，单独使用或作为局部资产使用将影响其效用的发挥，也就直接影响其评估价值和价值类型。总之，被评估数据资产的作用方式和作用空间不可以由评估人员随意设定。它是由资产评估的特定目的和评估范围限定的。被评估数据资产自身的功能、属性等也会对其作用方式和作用空间产生影响。

2. 价值类型的选择依据

在执行数据资产评估业务时，评估人员首先应当明确评估目的，这是选择价值类型的基础。评估目的可能包括交易支持、授权许可、企业间的交易与税赋、侵权损失评估、投资决策以及企业并购等。不同的评估目的需要关注的数据资产价值方面也会有所不同。

在考虑评估目的的同时，评估人员还需要密切关注市场条件的变化。市场条件的变化会直接影响数据资产的价值。例如：在数据市场需求旺盛时，数据资产的市场价值可能会相应提高；在市场竞争激烈或需求疲软时，市场价值可能会降低。因此，评估人员需要充分了解当前的市场环境，包括市场供需状况、竞争对手情况、技术发展趋势等，以便更准确地评估数据资产的价值。

除了评估目的和市场条件外，评估对象自身条件也是选择价值类型的重要因素。数据资产自身条件包括数据的类型、质量、规模、来源、使用权限等。不同类型的数据资产可能具有不同的价值特征，如某些数据可能因其稀缺性而具有较高的市场价值，而另一些数据可能因其广泛应用而具有较高的在用价值。同时，数据的质量、规模和来源等因素也会影响其价值。例如，高质量、大规模的数据通常具有更高的价值，而来源可靠、合法合规的数据则更受市场欢迎。

在明确了评估目的、市场条件和评估对象自身条件后，评估人员可以根据实际情况选择适当的价值类型。

以交易支持、授权许可企业间的交易与税赋为目的时，一般选择使用数据资产的市场价值。这是因为市场价值能够反映数据资产在公开市场上的实际交易价格，为交易双方提供公平的参考依据。

以评估侵权损失为目的时，一般选择使用数据资产的在用价值。在用价值能够反映数据资产在特定业务场景或应用中的实际效用和价值，对于评估侵权损失具有重要意义。通过评估数据资产在被侵权前的在用价值，可以计算出因侵权行为而造成的经济损失。

以投资和企业并购为目的时，一般选择使用数据资产的投资价值和市场价值。投资价值能够反映数据资产对于特定投资者的经济意义和投资回报，有助于投资者做出明智的投资决策。同时，市场价值也是评估企业整体价值的重要组成部分，对于确定并购价格和谈判条件具有重要意义。

第五节　评估假设

数据资产评估假设是指依据现有知识和有限事实，通过逻辑推理，对数据资产评估所依托的事实或前提条件做出的合乎情理的推断或假定。数据资产评估假设也是数据资产评估结论成立的前提条件，在评估过程中可以起到化繁为简、提高评估工作效率的作用。

数据资产评估假设的选择和应用应具有合理性、针对性、相关性。其中，合理性要求评估假设都建立在一定依据、合理推断、逻辑推理的前提下，设定的假设都存在发生的可能性。针对性要求评估假设针对某些特定问题，这些特定问题具有不确定性，评估人员可能无法合理计量这种不确定性，需要通过假设忽略其对评估的影响。相关性要求评估假设与评估项目实际情况相关，与评估结论形成过程相关。常见的评估假设有交易假设、公开市场假设、最佳使用假设和现状利用假设等。

一、交易假设

1. 交易假设的概念

交易假设是资产评估经常使用的前提假设。交易假设假定所有待评估数据资产已经处在交易过程中，评估师根据待评估数据资产的交易条件等模拟市场进行评估。交易假设一方面为资产评估得以进行创造了条件；另一方面它明确限定了资产评估的外部环境，即资产是被置于市场交易之中的，数据资产评估不能脱离市场条件而孤立地进行。

2. 交易假设的原理

第一是市场模拟。交易假设允许评估师在资产实际交易之前，通过模拟市场条件来评估其价值。这对于数据资产尤为重要，因为数据资产的价值往往与其在市场上的应用能力、稀缺性和需求情况密切相关。第二是条件设定。交易假设设定了一系列交易条件，这些条件包括但不限于交易时间、交易地点、交易双方的身份和意愿等。在数据资产评估中，这些条件可能涉及数据的使用权限、传输方式、保密协议等。第三是价值判断。基于交易假设，评估师可以模拟市场条件，对数据资产的交换价值进行专业判断。这种判断不仅考虑了数据资产本身的属性，还充分考虑了市场对其的需求和接受程度。

3. 交易假设的应用

一是数据资产投资。投资者在投资数据资产时，需要了解数据资产的投资价值和潜在回报。此时，评估师可以运用交易假设，模拟数据资产投资过程中的交易条件和市场环境，评估出数据资产的投资价值，为投资者提供决策依据。二是数据资产融资。企业在融资过程中，可能会将其持有的数据资产作为质押物进行融资。此时，评估师可以运用交易假设，模拟数据资产在融资过程中的交易条件和市场环境，评估出数据资产的融资价值，为金融机构和融资方提供公平的参考依据。三是数据资产并购。在企业并购过程中，被并购方可能持有重要的数据资产。此时，评估师可以运用交易假设，模拟数据资产在并购过程中的交易条件和市场环境，评估出数据资产的并购价值，为并购方提供决策依据。

二、公开市场假设

1. 公开市场假设的概念

公开市场假设假定数据资产可以在充分竞争的市场上自由买卖，其价格高低取决于在一定的市场供给状况下独立的买卖双方对数据资产的价值判断。公开市场假设是对资产拟进入的市场条件，以及资产在较为完善市场条件下接受何种影响的一种假定说明或限定。

公开市场假设旨在说明一种充分竞争的市场环境，在这种环境下，数据资产的交换价值受市场机制的制约并由市场行情决定，而不是由个别交易案例决定。在这个市场中，买者和卖者地位平等，买卖双方都有获取足够市场信息的机会和时间，买卖双方的交易行为都是自愿的、理智的，而非在强制或受限制的条件下进行的。买卖双方都能对资产的功能、用途及其交易价格等做出理智的判断。

2. 公开市场假设的原理

一是市场充分竞争性。公开市场假设认为，市场是一个充分竞争的市场，有众多买者和卖者参与，他们地位平等，都有获取足够市场信息的机会和时间。在这种环境下，资产的交换价值受市场机制的制约并由市场行情决定，而不是由个别交易决定的。二是交易自愿与平等。买卖双方的交易行为是自愿的、理智的，而非在强制或不受限制的条件下进行的。这保证了评估结果能够真实反映市场供求关系和资产的实际价值。三是资产价值的市场决定。在公开市场假设下，资产的价值高低取决于市场的行情，即买者和卖者对资产的功能、用途、供求状况及其交易价格等做出的价值判断。这有助于确保评估结果的客观性和公正性。

3. 公开市场假设的应用

一是数据资产市场价值评估。当需要评估数据资产的市场价值时，公开市场假设提供了一个重要的评估框架。评估师可以假设数据资产在一个充分竞争的市场上进行交易，考虑市场上买者和卖者的行为、交易条件以及市场供求关系等因素，从而评估出数据资产的市场价值。这种评估结果有助于投资者和企业决策者了解数据资产的市场表现和投资潜力。二是数据资产交易定价。在数据资产交易过程中，交易双方需要确定一个合理的交易价格。此时，公开市场假设的应用显得尤为重要。评估师可以基于公开市场假设，模拟数据资产在市场上的交易过程，考虑市场上类似数据资产的交易价格、交易条件以及市场供求关系等因素，从而为交易双方提供一个公正、合理的交易价格参考。三是投资决策。投资者在考虑是否投资数据资产时，需要评估数据资产的投资价值和潜在回报。公开市场假设的应用可以帮助投资者更准确地了解数据资产的市场价值和投资潜力。通过模拟数据资产在市场上的交易过程，评估师可以评估出数据资产的市场价值，并与投资者的投资目标和风险偏好相结合，为投资者提供投资建议和决策依据。

三、最佳使用假设

1. 最佳使用假设的概念

最佳使用假设指一项数据资产在法律上允许、技术上可能、经济上可行，被充分合理论证后，实现其最高价值使用的假设。最佳使用假设通常是在对一项存在多种不同用途或利用方式的资产进行评估，需要选择其最佳用途或利用方式时所提出的假设。如果资产的最佳用途与其现状用途不同，则由现状用途转换为最佳用途的成本应当在计算其最佳用途价值时予以扣除。

2. 最佳使用假设的原理

一是法律允许性。资产的最佳用途首先必须符合法律法规的要求，不能违反任何法律规定。二是技术可能性。资产的最佳用途还需要考虑技术上的可行性，即资产在技术上能够被有效地利用，以发挥其最大效用。三是经济可行性。在选择资产的最佳用途时，必须考虑经济上的可行性。这包括评估资产在不同用途下的预期收益、成本以及风险等因素，以确定哪种用途能够带来最大的经济效益。

3. 最佳使用假设的应用

一是数据资产价值最大化。评估师可以通过分析数据资产在不同用途下的潜在价值，选择能够实现数据资产价值最大化的最佳用途。这有助于企业或个人更合理地利用数据资产，提高其经济效益。二是数据资产交易与授权。在数据资产交易与授权过程中，最佳使用假设的应用可以帮助交易双方更准确地评估数据资产的价值。通过选择数据资产的最佳用途，交易双方可以更合理地确定交易价格或授权费用，实现双方利益的最大化。三是数据资产投资决策。投资者在考虑是否投资数据资产时，可以运用最佳使用假设来评估数据资产的投资价值和潜在回报。通过选择数据资产的最佳用途，投资者可以更准确地预测数据资产未来的收益情况，从而做出更明智的投资决策。

四、现状利用假设

1. 现状利用假设的概念

现状利用假设指按照一项数据资产目前的利用状态及利用方式对其价值进行评估。但是，现状利用方式可能不是最佳使用方式。

2. 现状利用假设的原理

一是现实使用状态评估。现状利用假设的核心在于关注资产当前的利用状态和方式。评估时，主要基于资产目前的实际使用情况，包括其使用频率、效率、维护状况等，来评估其价值。二是忽略未来改进。与最佳使用假设不同，现状利用假设不考虑资产未来可能的利用方式或改进。这意味着评估结果反映的是资产在当前使用状态下的价值，而非其潜在的最大价值。三是谨慎性原则。现状利用假设在一定程度上体现了会计计量的谨慎性原则。它倾向于采用较为保守的评估方法，避免对未来不确定性的过度乐观估计，从而确保评估结果的稳健性。

3. 现状利用假设的应用

一是内部决策与管理。企业在进行数据资产管理与优化时，需要了解各项数据资产当前的使用状态和效益。现状利用假设可以帮助企业快速评估数据资产在现有状态下的价值，为后续的资产管理、资源配置和优化决策提供依据。通过现状利用假设，企业可以实时监控各项数据资产的风险指标，如数据安全风险、数据质量风险等。这有助于企业及时发现潜在风险点，并采取相应的风险应对措施，确保数据资产的安全和稳定。

二是业务运营与决策支持。在业务运营过程中，企业可能需要基于当前的数据资产状态进行业务分析和决策。现状利用假设能够提供一个基于当前利用状态的评估结果，帮助企业更准确地了解数据资产对业务运营的支持程度和价值贡献。通过现状利用假设，企业可以评估当前客户数据资产的价值，了解客户的行为模式、需求偏好等信息。这有助于企业制定个性化的营销策略，提升客户满意度和忠诚度，进而推动业务的持续增长。

三是投资与融资活动。投资者在考虑投资数据资产相关项目或企业时，需要了解数据资产当前的使用状态和效益。现状利用假设可以提供一个基于当前状态的评估结果，帮助投资者更准确地评估投资价值和风险。当企业或个人需要将数据资产作为融资抵押物时，现状利用假设的应用可以帮助评估师更准确地评估出数据资产在当前状态下的价值，为融资方和金融机构提供合理的估值参考。

除上述主要的假设外，在评估过程中，也有一些其他假设，例如，评估人员会假设被评估单位资产正在使用且持续使用、经营模式无重大变化、资料完整、所处行业无重大政策变革及重大经济社会变化等。

第六节　基准日与报告日

数据资产评估需要确定资产评估的基准日和报告日，以便选择恰当的数据资产时点价值和评估结论形成日期。

一、评估基准日

数据资产评估基准日是数据资产评估结论对应的时间基准，评估委托人需要选择一个恰当的资产时点价值，有效地服务于评估目的。评估机构接受客户的评估委托之后，需要了解委托人根据评估目的及相关经济行为的需要确定评估时点，也就是委托人需要评估机构评估在某一时点上的价值，该时点就是评估基准日。

数据资产评估基准日用以明确评估结论所对应的时点概念。不同的评估基准日会对应不同类型的数据资产评估业务。一般而言，资产的价值在不同的时间点不一样。这主要是因为资产的状态和资产交易的市场情况在不同的时间点不同，因此，不同时间点评估对象在市场上交易的价值不同；同时，用于计量资产价值的货币自身价值在不同的时间点也不同，所以采用不同时点的货币价值计量评估对象的价值也有所不同。下文将叙述三个不同的评估基准日。

1. 现时性评估

现时性评估是指评估基准日选择的是现实日期，也就是评估工作日近期的时点，该结果表达的是评估对象在截至评估基准日现实状态中，在评估基准日市场条件中，以评估基准日货币币值计量的评估结果。目前大部分资产评估业务都属于现时性评估业务。

2. 追溯性评估

追溯性评估是指评估基准日选择的是过去的日期，结论所表达的含义是采用被追溯基准日的货币价值作为计量标准，以评估对象在截至被追溯基准日的状态为准，在被追溯基准日市场条件下所表现的价值。在司法诉讼、损失界定、调查追责过程中，通常需要采用追溯性评估。

3. 预测性评估

预测性评估是指评估基准日选择的是未来的日期，预测性评估采用的是被预测基准日预期的市场条件和价格标准。评估对象的状态则是根据委托要求，选择评估工作日现实的状态，也可以确定为被预测基准日预期的状态评估报告都有使用期限，评估结论的使用有效期以评估基准日为基础确认。在以抵押为目的的数据资产评估业务中，当抵押期较长、抵押物会随时间的变化产生较大的贬损或价格变化时，需要采用预测性评估。

二、评估报告日

1. 评估报告日的概念

数据资产评估报告日通常为评估结论形成的日期。数据资产评估报告日具有重要的法律意义，如果被评估资产在评估基准日到评估报告日之间发生了重大变化，评估机构负有了解和披露这些变化及可能对评估结论产生影响的义务。评估报告日之后，评估机构不再负有对被评估数据资产重大变化进行了解和披露的义务。

2. 期后事项的处理

如果出现评估基准日之后的期后事项，评估机构和评估人员需要采用适当的方式对评估人员撤离评估现场后至评估报告日之间被评估数据资产所发生的相关事项及市场条件发生的变化进行了解，并分析判断该事项和变化的重要性。对于较重大的事项，评估人员应该在评估报告中进行披露，并提醒报告使用者注意该期后事项对评估结论可能产生的影响；如果期后发生的事项非常重大，足以对评估结论产生颠覆性影响，评估机构应当要求评估委托人更改评估基准日重新评估。

第七节　YX 资产评估有限公司评估失败案例

一、案例背景

中国证监会近期对 YX 资产评估有限公司（以下简称"YX 评估"）及其相关责任人员朱 × 、陈 × 作出了行政处罚。YX 评估在对成都某公司拟转让的上海某公司部分股权进行资产评估时，存在多处违法事实，导致评估失败。

二、失败原因分析

1. 未充分核查验证评估中使用的资料

YX 评估依据上海某公司提供的虚假合同预测销售收入，未对合同进行充分核查验证，未关注到合同在编号和印章方面存在明显异常，且未核查预付款支付情况。这一行为违反了《资产评估执业准则——资产评估程序》第十五条、《资产评估执业准则——资产评估档案》第十二条的规定。

2. 收益预测资料的分析、判断和调整不足

YX 评估在预测上海某公司未来收入时，未对收益预测资料进行必要的分析、判断和调整，预测依据明显不充分。例如，依据未完成的电子文档、未体现采购数量和成交意向的招标公告截图等预测大额收入，未考虑相关收入实现存在重大不确定性。

3. 数据引用及计算公式设置错误

YX 评估在测算评估值时存在多处计算错误，包括错误引用相关合同销售总价、计算收入时遗漏扣除增值税等问题。这些错误直接影响了评估结果的准确性。

4. 未能做到尽职尽责

YX 评估及其相关责任人员朱 ×、陈 × 在评估过程中未充分核查验证评估资料，未对收益预测资料进行必要的分析、判断和调整，且存在计算错误等问题，显示出其在评估过程中未勤勉尽责。

5. 评估假设存在问题

YX 评估在评估过程中基于虚假合同和不充分的收益预测资料进行了评估假设，这些假设缺乏合理性和可靠性，导致评估结果存在误导性陈述。

三、评估结果

1. 评估结果为失败

由于 YX 评估在评估过程中存在上述违法事实，导致评估结果存在

虚假记载和误导性陈述、评估值被高估，且评估报告存在误导性陈述，该评估结果被认定为不准确、不可靠。

2. 中国证监会处罚

YX 评估及其相关责任人员朱 × 、陈 × 因上述违法行为被中国证监会处以罚款，并没收业务收入。具体处罚为：没收 YX 评估业务收入 316 981.12 元，对 YX 评估处以 633 962.24 元罚款；对朱 × 、陈 × 给予警告，并分别处以 20 万元罚款。

✏️ **小贴士**

成都市中心城区生态资产评估

生态资产评估是当前生态学和环境经济学的研究热点和焦点。成都市中心城区生态资产评估项目实践大量运用数据资产，基于遥感和地理信息系统（GIS）技术，通过遥感影像数据、气象数据、社会统计等数据和现场调查，识别了成华区生态保护红线范围。在此基础上，该评估项目实践分析了 2012—2016 年生态保护红线土地利用变化状况，并通过生态资产遥感定量评估模型，客观评估了生态保护红线范围内的生态资产价值及变化状况，得出结论：2012—2016 年期间各种土地利用类型变化幅度均不大，水域湿地面积和建设用地面积有所增加，耕地面积和绿地植被面积有所减少。生态资产有所增加，共增加了 3.23 万元，增幅达 0.20%。针对各类用地提供的生态资产，水域湿地生态资产和绿地植被生态资产最为显著，这两种用地类型提供了成华区生态红线保护区 96% 的生态资产。从不同类型生态价值来看，水源涵养价值所占比重最大，占总生态资产的 35% 以上。

成都市中心城区生态资产评估项目实践有助于科学系统评估环城生态区综合价值，探索生态价值创造性转化机制和路径，提高公众对生态价值的认知和消费，推动政府和市场绿色投资积极性，指导环城生态区综合开发建设与管理，促进生态资源优势转化为经济发展优势。

第五章

数据资产评估程序

▶▶▶▶

　　数据资产评估是对数据资产价值的评定。评估过程中需整合不同专业与知识体系，从多维度对数据资产予以评价和估值。为切实做好数据资产评估，评估人员需对其进行全面且全过程的准备与评估。数据资产评估主要涵盖七个环节，即评估准备、确定评估目标、选取合适的评估方法、执行评估、结果分析与报告、评估结果的应用以及整理归集评估档案。

第一节 评估准备

评估准备是数据资产评估中非常重要的基础环节，直接影响到评估工作的顺利进行和后续所进行的科学的各项评估工作。评估准备工作包括明确业务基本事项、项目背景调查及订立业务委托合同与编制评估计划。

一、明确业务基本事项

数据资产评估机构受理资产评估业务前，应当明确下列评估业务基本事项，对专业能力、独立性和业务风险进行综合分析和评价，从而确定是否开展评估。受理数据资产评估业务应当满足专业能力、独立性和业务风险控制要求，否则不得受理。

需要明确的基本事项如下。

1. 明确报告主体

精准确定委托人、产权持有人以及委托人之外的其他资产评估报告使用人。

委托人作为发起评估的主体，其身份与需求需被清晰界定；其他资产评估报告使用人可能包括潜在投资者、监管机构等。委托人通常是发起资产评估的主体。他们可能是资产的直接所有者、管理者或代理者。委托人的需求可能涉及资产出售、融资、并购、抵押、保险等多种场景，这些需求将直接影响评估的目的、方法和结论。委托人需要清晰表达其评估需求，并提供必要的资产信息和资料，以确保评估工作的顺利进行。

产权持有人对资产拥有法定权利，明确其角色有助于准确把握资产的归属与责任；产权持有人是资产的法定所有者，对资产拥有占有、使用、收益和处分的权利。在资产评估中，明确产权持有人的角色有助于准确把握资产的归属和权利状况，从而避免产权纠纷和法律责任。

其他资产评估报告使用人可能包括潜在投资者、监管机构等。他们可能关注资产的投资价值、盈利能力等，以评估投资风险和回报。监管机构可能关注资产的合规性、安全性等，以监督市场行为和维护市场秩序；其他利益相关者如债权人、合作伙伴等可能关注资产的抵押价值、合作潜力等。

2. 确定评估目的

评估目的是资产评估工作的核心导向，不同的目的会导致评估方法和侧重点的差异。无论是为了资产交易、企业重组、抵押担保等目的，还是为了财务报告等目的，委托方都需要详细阐明，以便资产评估机构能够有针对性地开展工作，为委托方提供符合特定目的的准确评估结果。

资产交易通常涉及买卖双方的利益，评估的目的是为交易双方提供一个公正、合理的资产价值参考，以便双方能够基于这一价值进行谈判和交易。企业重组涉及资产剥离、并购、分立等复杂操作，评估的目的是为了确定资产在不同重组方案中的价值，以便企业能够做出最优的决策。抵押担保需要确定抵押物的价值，以便金融机构能够基于这一价值来决定是否提供贷款以及贷款的额度。出具财务报告需要满足会计准则和监管要求，以确保企业财务报表中资产价值的准确性和合规性。

综上所述，深入分析评估目的是确保资产评估工作准确性和有效性的关键步骤。通过明确评估目的、选择合适的评估方法和参数、综合考虑各种因素，评估机构可以为委托方提供符合特定目的的准确评估结果。

3. 界定评估范畴

如果评估对象是具体的资产或资产组合，那么需要明确其名称、类型、数量等基本信息。首先资产的名称是识别资产的基本标识，它应该具有唯一性和准确性；其次是资产的类型，它反映了资产的性质和用途，例如金融资产（股票、债券）、知识产权（专利、商标）等；最后是资产的数量，它是评估其规模和价值的重要参数。动产和金融资产等的数量通常比较明确。针对不同类型的资产，评估方法、参数选择等方面可能存在差异。

评估范围主要指权益范围，这其中包括资产的所有权、使用权以及限制条件。首先是资产的所有权，评估时需要明确资产的所有权归属，以确保评估结果的合法性。其次是资产的使用权，资产的使用权（如租赁权、经营权等）也可能影响其价值。例如，一个拥有长期租赁权的商业物业可能比没有租赁权的物业更有价值。最后是有关数据资产的限制条件，资产上可能存在的法律或合同限制条件（如抵押、质押、查封等）也需要评估人员在评估时予以考虑。这些限制条件可能影响资产的可转让性、融资能力等。

4. 选定价值类型

价值类型决定了资产价值的衡量标准和表现形式，常见的价值类型有市场价值、投资价值、清算价值等。根据评估目的和资产的具体情况选择合适的价值类型，能够使评估结果更具合理性和适用性，为各方决策提供准确的价值参考。

第一种价值类型是市场价值，是指在公开市场上，在评估基准日，资产在最佳使用状态下，买卖双方自愿进行交易的金额。它反映了资产在市场上的普遍认可程度。市场价值通常用于产权转让、抵押、税收、保险等方面的评估。在这些场景中，评估结果需要反映资产在市场上的真实交易价值。

第二种价值类型是投资价值，是指特定投资者在评估基准日，基于特定的投资目标和策略，对资产未来收益的预期值。它考虑了投资者的个性化需求和预期收益。投资价值主要用于投资分析、并购、企业重组等场景。在这些场景中，评估结果需要反映资产对特定投资者的潜在价值。

第三种价值类型是清算价值，是指在特定情境下（如企业破产、资产拍卖等），资产在快速变现时所能获得的金额。它通常低于市场价值，因为清算过程中可能面临时间紧迫、信息不对称等问题。清算价值主要用于破产清算、资产拍卖等场景。在这些场景中，评估结果需要反映资产在紧急情况下的变现能力。

5. 敲定基准时日

评估基准日是指精确评估某件事物价值（通常是金融资产或实物资产）的某个特定日期。在资产评估、证券评估和财务报告等多个领域，评估基准日都被广泛应用。它作为评估价值的时间参照点，能够确保评估结果具有明确的时间属性，从而反映资产在特定时间点的实际状况和市场环境。

评估基准日是评估价值的时间参照点，它对于资产价值的确定具有重要意义。由于社会经济和市场行情是不断变化的，因此资产价值也会随着时间的推移而发生变化。第一是确保时效性。通过选择一个明确的评估基准日，确保评估结果能够反映资产在特定时间点的价值状况，从而为决策者提供及时、准确的信息。第二是提高客观性。评估基准日的选择有助于提高评估结果的客观性，通过遵循公平、公正、合理的原则选择评估基准日，能够确保评估过程中不受主观因素的影响，从而得出更加客观、准确的评估结果。第三是明确责任界限。在资产评估实务中，评估基准日还是明确评估责任的一个分界点，评估基准日之前或之后的资产状况改变，则被排除在评估责任之外，只能由评估委托人或资产占有方负责。这有助于保护评估机构和评估人员的合法权益，避免不必要的纠纷和损失。

6. 报告使用范畴

资产评估报告的使用应受到一定的限制，明确其使用范围可以防止报告的滥用和误解。例如，报告可能仅用于特定的交易、决策或监管目的，不得用于其他未经授权的用途。

资产评估报告的主要功能是提供关于资产价值的可靠信息，为交易、决策或监管等经济活动提供依据。它具有专业性、客观性、公正性和时效性等特点，是资产交易、企业重组、投资决策、金融监管等领域不可或缺的参考工具。

明确使用范围的意义主要有三方面：第一方面是防止滥用。明确资产评估报告的使用范围可以有效防止报告被用于与评估目的不符的场合，从而避免对报告内容的误解和滥用。这有助于维护报告的权威性和公信力，确保评估结果得到正确理解和应用。第二方面是保护评估机构与评估师。通过明确使用范围，评估机构和评估师可以规避因报告被不当使用而引发的法律风险。例如，当报告被用于未经授权的用途时，评估机构和评估师可以依据事先明确的使用范围进行抗辩，保护自己的合法权益。第三方面是保障报告质量。明确的使用范围有助于评估机构和评估师在撰写报告时更加严谨和细致，确保报告内容符合特定使用需求。这有助于提高报告的质量和专业性，为使用者提供更加准确、可靠的评估信息。

使用范围主要有四项具体规定：第一个规定是在特定交易的情况下，资产评估报告可能仅适用于特定的资产交易活动，如产权转让、资产并购等。在这种情况下，报告应明确标注其适用范围，以避免被用于其他类型的交易活动。第二个规定是当资产评估报告作为决策依据时，此时应明确其适用的决策类型和决策主体。例如，报告可能仅适用于企业投资决策或金融监管决策等特定领域。第三个规定是报告具有监管要求，资产评估报告受到特定监管机构的监管要求，此时，报告应明确标注其满足的监管标准和要求，以确保其合规性。第四个规定是对于评估报告需要保密与限制使用，对于涉及商业秘密或个人隐私的资产评估报告，应明确标注其保密性和限制使用要求。这有助于保护相关方的合法权益，避免泄露敏感信息。

7. 明确评估报告提交期限与方式

确定评估报告的提交期限可以保证委托方在合理的时间内获得评估

结果，以便及时进行决策。同时，明确提交方式，如纸质报告、电子文档等，也有助于提高报告的传递效率和便利性。

强调评估报告提交期限的原因主要有三方面：第一是保障委托方利益。确定评估报告的提交期限，可确保委托方在合理的时间内获得评估结果，从而及时进行决策，避免因时间延误而导致的损失。第二是提高工作效率。提交期限的设定可以促使评估机构或评估师合理安排工作时间，提高工作效率，确保评估工作的质量和进度。第三是规范评估流程。明确的提交期限有助于规范评估流程，使评估工作更加有序、高效地进行。

关于评估报告提交方式的选择主要分为三种方式：第一种方式是纸质报告。纸质报告具有实体性、可读性强等优点，便于委托方随时查阅和保存，然而，纸质报告在传递和存储过程中可能受到损坏或遗失的风险。第二种方式是电子文档。电子文档具有传递速度快、易于存储和共享等优点，可以大大提高评估报告的传递效率和便利性，同时，电子文档还可以通过加密等方式保护信息安全。第三种方式是在线平台。部分评估机构或平台还提供在线提交和查询评估报告的服务，这种方式可以进一步简化评估报告的传递流程，提高效率和便利性。

关于提交评估意见，针对以上情况，还有三个富有实践意义的建议：第一是在合同中明确约定。在签订评估委托合同时，应明确约定评估报告的提交期限和方式。这有助于确保双方对评估工作的期望和要求达成一致，避免后续纠纷。第二是及时沟通。在评估过程中，评估机构或评估师应与委托人保持密切沟通，及时了解委托人的需求和期望，并根据实际情况调整提交期限和方式。第三是提供多种选择。评估机构可以提供多种提交方式供委托人选择，以满足不同委托人的需求和偏好。同时，也可以根据实际情况灵活调整提交方式，以提高效率和便利性。

8. 评估费支付项

评估服务费的确定应考虑评估工作的复杂程度、资产规模、时间要求等因素。第一是评估工作的复杂程度。首先，评估对象的特性会直接影响评估工作的难易程度；其次，评估的范围和深度也是重要考虑因素，全面的资产评估需要更多的时间和资源，因此收费也会相应提高。第二是数据资产规模。数据资产规模越大，评估工作所需的时间和精力就越多，因此评估服务费也会相应增加，同时不同类型的数据资产规模对评估服务费的影响也不同。第三是评估的时间要求。如果委托方对评估时间有紧迫要求，评估机构需要加班加点或调配更多资源来完成工作，这会增加评估成本，因此评估服务费也会相应提高。

明确支付方式可以避免经济纠纷，确保资产评估机构的合法权益得到保障。目前常用的有预付定金与尾款结算、分阶段支付和一次性支付三种支付方式。第一种支付方式是预付定金与尾款结算。在评估工作开始前，委托方通常需要支付一定比例的定金作为评估服务的启动资金，评估工作完成后，根据评估结果和双方约定的费用标准，委托方再支付剩余的尾款。第二种支付方式是分阶段支付。对于大型或复杂的评估项目，可以根据评估工作的进展分阶段支付服务费，这种方式有助于确保评估机构在每个阶段都能获得相应的报酬，同时也有助于委托方对评估工作的进度和质量进行监控。第三种支付方式是一次性支付。对于小型或简单的评估项目，双方可以约定一次性支付服务费，这种方式简化了支付流程，但要求双方在评估工作开始前就对费用标准和支付方式达成共识。

9. 协作促评顺利

委托人应提供准确的资产信息和相关资料，其他相关当事人应积极配合调查和核实工作。资产评估机构及其专业人员则应秉持专业精神和职业道德，为委托方提供高质量的评估服务。同时，各方应明确在工作中的沟通机制、保密要求等重要事项，以保障评估工作的高效、公正和安全。

针对委托人的责任与义务，存在如下两个要求。第一个要求是提供准确的资产信息和相关资料。委托人作为评估对象的所有者或管理者，对资产的情况最为熟悉，因此，提供准确、完整、真实的资产信息和相关资料是委托人的基本责任，这些信息包括但不限于资产的类型、数量、规格、性能、使用情况、历史交易记录等；同时委托人应确保所提供的信息在评估期间内保持有效，如有变更应及时通知评估机构。第二个要求是配合调查和核实工作。在评估过程中，评估机构可能需要对资产进行实地勘察、市场调查或专家咨询等。委托人应积极配合评估机构的工作，提供必要的协助和便利，如安排现场访问、提供必要的文件资料等；对于评估机构提出的问题和疑虑，委托人应给予及时、准确的答复和解释。

针对其他相关当事人的责任与义务，存在如下两个要求。第一个要求是积极配合项目活动。其他相关当事人，也应积极配合评估机构的调查和核实工作。他们也需要提供与评估相关的必要信息，协助评估机构了解资产的实际状况和市场环境。第二个要求是遵守法律法规。其他相关当事人应遵守相关法律法规的规定，不得提供虚假信息或干扰评估工作的正常进行。

针对资产评估机构及其专业人员的责任与义务，存在如下两个要求。第一个要求是秉持专业精神和职业道德。资产评估机构及其专业人员应具备高度的专业素养和职业道德，遵循评估行业的规范和标准。他们应秉持客观、公正、独立的原则，不受任何外部因素的影响和干扰，确保评估结果的准确性和可靠性。第二个要求是提供高质量的评估服务。资产评估机构应根据委托人的需求和资产的特点，制订科学合理的评估方案和方法。他们应运用先进的评估技术和手段，对资产进行全面、深入的评估和分析，确保评估结果的准确性和全面性。

二、项目背景调查及订立业务委托合同

为规范数据资产评估委托合同的订立、履行等行为，保护数据资产评估当事人合法权益和公共利益，数据资产评估机构受理资产评估业务应当与委托人依法订立资产评估委托合同，约定资产评估机构和委托人的权利、义务、违约责任和争议解决等内容。

数据资产评估委托合同通常包括下列内容。

1. 项目基本信息

合同应准确记录数据资产评估机构和委托人各自的名称。名称需具备明确的指向性与可识别性，以确保在任何相关事务中能够准确指代双方主体。明确的名称是区分不同主体、建立法律关系的基础。在资产评估中，数据资产评估机构和委托人的名称必须准确且具有明确的指向性，以确保在任何相关事务中都能准确指代双方主体。在实践中的具体要求是数据资产评估机构应使用其在工商注册登记中的全称，避免使用简称或别名。委托人也应提供其在法律文件中的全称，如公司营业执照上的名称或个人身份证上的姓名。双方名称的书写应规范、清晰，避免错别字或模糊不清的情况。

合同应明确双方的住所。住所的详细记载有助于在需要进行实地沟通或文件传递等情况时能够准确找到相应位置。住所是双方进行实地沟通、文件传递等活动的物理基础。在法律纠纷或争议解决过程中，住所信息也是确定管辖法院、送达法律文书等法律程序的重要依据。在实践中的具体要求是双方应提供准确的住所地址，包括省、市、区（县）、街道（乡镇）、门牌号等详细信息。机构还应提供办公地址和邮政编码，以便邮寄文件和资料。双方应确保提供的住所信息在评估期间内保持有效，如有变更应及时通知对方。

合同应提供双方的联系人及联系方式，包括但不限于电话号码、电子邮箱等。可靠的联系人及有效的联系方式是确保双方在评估过程中能够及时、顺畅沟通交流的关键要素。在评估过程中，双方可能需要就评估方法、资产状况、评估结果等问题进行多次沟通和协商。在实践中的具体要求是双方应指定专门的联系人，并明确其职责和权限，同时联系人应提供有效的电话号码、电子邮箱等联系方式，并确保在评估期间内保持畅通。机构还可以考虑提供传真号码、企业邮箱等备用联系方式，以提高沟通的灵活性和可靠性。

2. 项目评估目的

不同的评估目的会直接影响评估方法的选择、评估重点的确定以及评估结果的呈现方式。只有明确了评估目的，才能使评估工作有的放矢，为委托方提供真正有价值的评估结果。

若是市场价值评估，评估目的为资产交易时，评估工作将侧重于确定资产的市场价值。这要求评估师采用市场比较法、收益法或成本法等方法，通过对比类似资产在市场上的交易价格、分析资产的未来收益能力或重置成本来确定其价值；同时评估师需要收集市场上类似资产的交易数据、价格趋势等信息，以确保评估结果的准确性和公正性。若评估目的为企业重组，评估工作可能更关注资产在新的业务架构下的价值潜力。这要求评估师不仅要考虑资产当前的价值，还要分析资产在重组后可能带来的协同效应、增长潜力等因素；评估师可能需要采用更复杂的评估模型，如现金流折现模型、实物期权模型等，来评估资产在未来的潜在价值。

不同的数据资产评估目的，评估师所关注的角度也不同。在资产交易评估中，评估重点通常包括资产的权属状况、物理状况、市场状况等。评估师需要核实资产的权属是否清晰、是否存在法律纠纷，以及资产的使用年限、维护保养情况等；同时，评估师还需要分析市场供需关系、价格波动趋势等因素，以确定资产的市场价值。在企业重组评估中，评估重点可能包括资产的协同效应、战略匹配度、增长潜力等。评估师需要分析资产在重组后如何与企业的整体战略相匹配，以及资产在整合过程中可能带来的额外价值；同时，评估师还需要考虑重组后企业的财务状况、管理效率等因素，以评估资产在重组后的整体价值。

3. 项目评估范畴

针对评估对象，评估师要精确描述其具体特征，包括但不限于资产的类型、名称、数量等关键信息。针对数据资产，评估师要明确其是何种类型的数据，如用户行为数据、财务数据等，以及数据的规模大小。对评估对象进行精确描述的具体要求如下：第一是明确评估对象的具体类型和名称。这有助于评估师快速了解评估对象的基本属性，为后续评估工作奠定基础。第二是明确评估对象的数量和规模。这些信息有助于评估师量化评估对象的价值，并选择合适的评估方法。

在数据资产评估中，业务领域和来源渠道作为评估范围的核心要素，扮演着至关重要的角色。业务领域不仅涵盖了数据所属的业务部门和产品线，还深入企业的具体运营环节和战略层面。通过了解数据在哪些业务部门和产品线中产生和应用，评估师能够更清晰地把握数据的业务背景和用途，从而更准确地评估其对企业运营和战略决策的支持程度。同时，来源渠道也是评估数据资产价值不可忽视的一环。内部生成的数据通常与企业内部运营和管理紧密相关，反映了企业的实际情况和运营状态；而外部采购的数据则可能包含了市场趋势、竞争对手分析等关键信息，有助于企业把握市场动态和竞争态势。此外，合作伙伴提供的数据也可能涉及供应链、客户关系等多个方面，为企业提供更广泛的视角和更深入的分析。

这些信息不仅有助于评估师更全面地了解数据的产生和应用情况，还能为数据资产的价值评估提供更准确的依据。通过深入分析业务领域和来源渠道，评估师能够更准确地判断数据资产的质量、可靠性和价值潜力，从而为企业提供更精准的数据资产评估服务。

4. 项目基准时日

如果评估目的是为了反映资产在特定时间段内的价值波动，那么评估基准日应选择在该时间段内具有代表性的日期。评估基准日的明确可以使评估结果更具时效性和客观性，为各方决策提供准确的价值参考。评估基准日对于数据资产评估具有非常重大的意义。第一是评估基准日作为评估价值的基准时间点，确保了评估结果具有明确的时间属性，便于与不同时间点的评估结果进行比较和分析。第二是在资产价值随时间波动的情况下，选择合适的评估基准日能够更准确地反映资产在特定时间段内的价值状态，为决策提供可靠依据。第三是明确的评估基准日使评估结果具有更强的时效性和客观性，减少了因时间模糊而带来的评估不确定性。

评估基准日的确定是评估工作中的重要环节。它作为评估价值的时间参照点，直接影响着资产价值的评估结果。选择合适的评估基准日需要考虑四个方面的因素。第一个方面是评估目的。评估目的是选择评估基准日的首要考虑因素。若评估目的是反映资产在特定时间段内的价值波动，则应选择该时间段内具有代表性的日期作为评估基准日。第二个方面是市场环境。市场环境的变化对资产价值具有重要影响。在选择评估基准日时，应考虑市场环境的变化情况，以确保评估结果能够真实反映资产在当前市场环境下的价值。第三个方面是数据资产的特性。不同类型的数据资产具有不同的特性，如流动性、使用寿命等。在选择评估基准日时，应充分考虑资产的特性，以确保评估结果能够准确反映资产的实际价值。第四个方面是法律法规。在部分场景中，法律法规对评估基准日的选择有明确规定。评估师在选择评估基准日时，应遵守相关法律法规的要求。

5. 报告使用范围

严格规定评估报告的使用范围是为了防止报告被不当使用或误解。评估报告可能仅适用于特定的交易、决策或监管目的，不得用于其他未经授权的用途。评估报告是基于特定目的、方法和假设条件编制的专业文件，其结论和意见具有明确的针对性和适用性。若报告被不当使用或误解，可能导致决策失误、法律纠纷等严重后果。因此，明确报告的使用范围可以限制其应用范围，防止被用于与评估目的不符或未经授权的用途，从而避免潜在的风险和纠纷。

明确评估报告使用范围可以保护委托方和评估机构的合法权益，委托方通过委托评估机构进行资产评估，期望获得准确、可靠的评估结果，以支持其决策或交易。若报告被滥用或误用，可能导致委托方的利益受损。同时，评估机构作为专业机构，其声誉和权威性也至关重要。明确报告的使用范围，可以避免因报告被不当使用而损害评估机构的形象和信誉。

确保评估报告的权威性和有效性，评估报告是评估机构根据专业标准和程序，对资产进行客观、公正评估后形成的结论性文件。其权威性和有效性取决于报告的编制质量、使用范围和解释权。明确报告的使用范围可以确保报告在授权范围内使用，避免被曲解或滥用，从而维护报告的权威性和有效性。

6. 项目提交事项

确定评估报告的提交期限对于委托方来说至关重要。它可以保证委托方在合理的时间内获得评估结果，以便及时进行决策。提交期限的设定应考虑评估工作的复杂程度、资产规模以及评估机构的工作安排等因素。第一是考虑评估工作复杂性。评估工作的复杂程度直接影响报告的编制时间，不同类型的资产、不同的评估目的和方法，都会导致评估工作量的差异，因此，设定提交期限时，应充分考虑评估工作的实际情况，确保评估机构有足够的时间进行专业、细致的评估工作。第二是平衡资产规模与效率。数据资产规模越大，评估工作所需的时间通常越长。然而，委托方往往希望尽快获得评估结果，因此，在设定提交期限时，需要权衡资产规模与评估效率，找到一个既能保证评估质量又能满足委托方时间需求的平衡点。第三是评估机构工作安排。评估机构的工作安排也是设定提交期限时需要考虑的因素。评估机构可能同时承接多个项目，因此需要合理安排工作时间，确保各个项目都能按时完成。

明确提交方式也十分关键，包括纸质报告的交付方式、电子文档的传输途径等。针对纸质报告的交付方式，纸质报告作为传统的交付方式，具有法律效力明确、易于保存和查阅等优点。明确纸质报告的交付方式（如快递、自取等）和具体时间，可以确保委托方在约定时间内收到报告，避免信息传递的延误。随着信息技术的发展，电子文档已成为越来越普遍的交付方式。通过电子邮件、云存储等途径传输电子文档，可以显著提高报告的传递效率，使委托方能够即时获取评估结果。同时，电子文档还便于委托方进行远程查阅和分享。

综合考虑安全与便利。在明确提交方式时，需要综合考虑信息安全和便利性。对于包含敏感信息的评估报告，应采取加密传输、限制访问权限等措施，确保信息不被泄露。同时，也应考虑委托方的实际需求，选择最便捷的交付方式。

7. 项目支付事项

明确评估服务费总额或者支付标准可以避免在费用方面出现争议。支付时间的约定应确保评估机构能够在合理的时间内收到款项，以保障其合法权益。

支付方式可以包括银行转账、支票支付等多种形式，双方应根据实际情况选择合适的支付方式，并在合同中明确约定。在项目之处就明确评估服务费总额或支付标准，可以为双方提供一个清晰的费用预期，减少因费用不明确而产生的争议，有助于建立双方的信任，确保评估工作的顺利进行。项目的主要费用构成包括基本服务费、额外服务费（如加急服务、特殊技术支持等）、税费等。双方应明确各项费用的计算方法和依据，确保费用的合理性和透明度。如果评估过程中遇到特殊情况导致工作量增加，可能需要调整费用。

合同中应该有详细的明确条款，合同中应详细列出评估服务费总额或支付标准、支付时间、支付方式等条款，条款应清晰明了，避免使用模糊或容易引起歧义的语言。在签订合同之日起，该合同就具有了法律效力。双方应遵守合同约定，履行各自的义务。在发生争议时，合同中的约定可以作为解决争议的依据。

8. 其他权利义务

除了上述明确的事项外，双方还可能存在其他的权利和义务。例如，委托人可能有权要求评估机构对评估过程中的保密信息进行严格保密，评估机构则有义务确保评估工作的独立性和公正性。委托人的权利包括：其一是委托人有权要求评估机构对评估过程中涉及的保密信息进行严格保密。这些保密信息可能包括委托人的商业秘密、个人隐私、资产数据等。其二是评估机构应建立严格的保密制度，确保评估人员遵守保密规定。在评估过程中，评估机构应妥善保管委托人提供的资料，不得泄露给第三方。评估报告完成后，评估机构应妥善保存评估资料，防止信息泄露。

委托人有权了解评估工作的进展情况，要求评估机构提供阶段性报告，并且有权对评估报告提出异议，并要求评估机构进行解释或修改。同时评估机构有权要求委托人提供必要的协助和配合，以确保评估工作的顺利进行，同时有权在评估过程中发现重大问题或风险时，及时向委托人报告并提出建议。

9. 项目纠纷解决

明确违约责任是为了在一方违反合同约定时，能够有明确的处理依据。违约责任可以包括赔偿损失、支付违约金等多种形式。第一是能够提供处理依据。明确违约责任能够在合同一方违反约定时，为另一方提供明确的处理依据。这不仅有助于维护合同的严肃性，还能确保违约方承担相应的法律责任，保护守约方的合法权益。第二能够促进合同履行。设定明确的违约责任可以促使合同双方更加认真地对待合同履行，因为违约将意味着承担经济损失或其他形式的责任。这种压力有助于增强合同的执行力，确保评估服务按照约定的质量和时间完成。第三能够预防纠纷。明确的违约责任可以在一定程度上预防纠纷的发生。当合同双方清楚知道违约的后果时，他们更有可能在履行合同过程中保持谨慎和诚信，从而避免不必要的争议。

同时，约定争议解决方式可以在出现纠纷时及时有效地解决问题，维护双方的合法权益。争议解决方式可以包括协商、仲裁、诉讼等。双方应根据实际情况选择合适的方式，并在合同中明确约定。如果选择了仲裁或诉讼作为争议解决方式，双方应在合同中明确争议解决机构的名称和地址，以便在发生争议时能够迅速找到相应的解决途径。若按照规定争议解决的程序，双方需要协商约定争议解决的具体流程，包括提交争议的时间、地点、方式等，以确保争议解决的顺利进行。

10. 合同签订时间

合同当事人签字或者盖章的时间是合同生效的重要标志。明确签字或盖章的时间可以确定双方的权利和义务开始履行的时间节点。签字或盖章是合同生效的法定形式要件。在我国的法律体系下，合同只有在双方当事人签字或盖章后才具有法律效力，因此，明确签字或盖章的时间是确认合同生效时间的关键。同时签订合同就意味着履行义务的开始，合同生效后，双方即开始承担合同中约定的权利和义务。明确签字或盖章的时间，有助于确定双方开始履行各自义务的时间节点，从而确保合同的顺利执行。合同的生效时间可能具有特定的法律意义，例如，涉及诉讼时效、权利行使期限等法律问题时，合同的生效时间将直接影响相关权利的行使和保护。

同时，时间的记录也有助于在日后出现纠纷时，追溯合同的签订过程和生效时间。确定合同生效与履行时间节点的原因如下：第一是有利于证据保存。签字或盖章的时间记录是合同签订过程的重要证据，在日后出现纠纷时，这些记录可以作为追溯合同签订过程和生效时间的依据，有助于查明事实真相，维护合同双方的合法权益。第二是防范欺诈与伪造。明确签字或盖章的时间，还可以在一定程度上防范合同欺诈和伪造行为。对比签字或盖章时间与合同内容、双方陈述等信息的一致性可以及时发现并揭露潜在的欺诈和伪造行为。

11. 合同签订地点

注明合同当事人签字或者盖章的地点可以为合同的履行提供具体的地理参照。在特定场景下，合同的履行会受到地点因素的影响，例如法律适用、管辖权等。明确签字或盖章的地点可以避免在这些方面出现争议，能够提供地理参照与合同履行的关联性。合同签订的相关地理位置的确认，为合同提供了一个具体的地理参照。这个地点通常与合同的签订地或双方当事人的所在地相关，有助于明确合同在空间上的关联性。

当合同发生争议时，管辖权问题是解决争议的首要问题。注明签字或盖章的地点，可以为确定管辖法院或仲裁机构提供参考，有助于快速、有效地解决合同争议。对于跨国合同而言，不同国家之间的法律体系可能存在差异。明确签字或盖章的地点，有助于避免在国际法律冲突中陷入困境，确保合同的法律适用和管辖权问题得到妥善解决。

针对合同的签订地点，需要注意以下两点：第一是在注明签字或盖章的地点时，应确保地点的明确性。避免使用模糊或容易引起歧义的语言，以免在后续合同履行或争议解决过程中产生不必要的争议。第二是保证合同文本的完整性。在签订合同时，应确保合同文本的完整性。合同文本应包含所有必要的条款和条件，以及双方签字或盖章的页面和地点信息。这有助于避免在日后出现纠纷时因合同文本不完整而导致的争议。

12. 项目不明部分

针对订立数据资产评估委托合同时未明确的内容，数据资产评估机构可以委托合同当事人采取订立补充合同或者法律允许的其他形式做出后续约定。第一补充合同可以对原合同中未明确或遗漏的内容进行补充和完善，确保合同的全面性和准确性。这有助于明确双方的权利和义务，避免在后续执行过程中产生争议。第二补充合同能够适应宏观环境的变化。随着市场环境、法律法规或双方业务需求的变化，原合同中的部分条款可能不再适用，那么通过订立补充合同，双方可以及时调整合同内容，以适应新的情况。第三补充合同可增强合同的可操作性。补充合同可以对原合同中的某些模糊或抽象条款进行具体化和明确化，增强合同的可操作性和可执行性。

同时，在签订补充合同时，需要注意以下要点：第一要明确约定内容。在订立补充合同或采取其他形式进行后续约定时，双方应明确约定内容，确保补充或修改的内容与原合同保持一致性和协调性。第二要遵守法律法规。双方应遵守相关法律法规的规定，确保补充合同或后续约定的合法性。同时，双方还应关注法律法规的变化，及时调整合同内容以适应新的法律环境。第三是双方都要进行签署和确认。对于补充合同或其他形式的后续约定，只有双方应签署并确认，才能够确保双方对约定内容的认可和遵守，并将其作为解决争议的依据。

三、编制评估计划

制订数据资产评估计划需要综合考虑多个方面，以确保评估工作的科学性、准确性和有效性。明确评估目的、组建评估团队、选择评估方法、制定评估步骤、设定评估参数、确定评估周期、制订风险管理计划和建立反馈机制等措施，可以确保评估工作的顺利进行和评估结果的准确性。

1. 明确评估目的

明确评估目的需要分两步走。第一步是确定评估需求。评估需求是数据资产评估的出发点，决定了评估的方向和重点。例如，如果是为了入表管理，评估的重点可能是数据的合规性和准确性；如果是为了交易定价，评估的重点则可能是数据的价值和应用潜力。第二步是了解评估对象。深入了解评估对象对于制订准确的评估计划至关重要。评估对象的数据来源、类型、规模和应用场景将直接影响评估方法和参数的选择。例如，针对来源清晰、类型单一、规模较小的数据资产，可能更适合采用成本法进行评估；针对来源复杂、类型多样、规模庞大的数据资产，则可能需要综合运用多种评估方法。

2. 组建评估团队

要组建一支高质量的评估团队，需要分三步走。第一步是确定团队成员。评估团队的组建应根据评估项目的专业需求和工作量来确定。第二步是考核团队成员的业务能力。团队成员应具备数据科学、财务分析、市场调研等多方面的知识和技能；同时，团队成员之间应有良好的沟通和协作能力，以确保评估工作的顺利进行。第三步是分配评估任务。明确的任务分配可以提高评估工作的效率和质量。任务分配应根据团队成员的专业背景和技能特长进行，确保每个成员都能在自己的领域内发挥最大的作用。同时，任务分配还应考虑工作量和时间要求，以确保评估工作能够按时完成。

3. 选择评估方法

在选择评估方法时，需全面考虑评估目标、对象特性及市场环境。成本法、收益法和市场法为三大主流评估手段，各有优劣，适用情境各异。

成本法基于数据资产的形成成本评估价值，适用于成本构成清晰、易量化的数据资产。此法能提供相对客观的价值基准，但可能忽视潜在收益和市场价值，导致评估偏差。

收益法通过预测数据资产未来经济收益来评估价值，适用于能明确预测未来收益的数据资产。合理的收益预测模型和折现率设定能更准确地捕捉经济价值，但实施需依赖准确的市场预测和可靠的预测模型，增加评估复杂性和不确定性。

市场法参照市场上相似数据资产的交易价格评估价值，适用于交易市场活跃、可比案例丰富的情况。通过对比分析交易价格、条件及市场供求关系，能得出相对合理的市场价值区间，但可能受市场波动、交易信息不对称及可比案例稀缺等因素影响，导致评估误差。

4. 制定评估步骤

评估步骤的制定应确保评估工作的有序进行。从前期准备到出具报告，每个步骤都应明确具体的任务和要求。例如，在前期准备阶段，应收集数据资产的基本信息，建立委托关系，并布置资料清单；在现场调查阶段，应对数据资产的信息属性、权属核实、成本查实等进行核查；在质量评价阶段，应采取恰当方式执行数据质量评价程序；在市场调研阶段，应对与被评估数据资产相关的主要交易市场、市场活跃程度等进行调查；在评定估算阶段，应根据收集的资料和调研情况选择合适的评估方法进行评定估算；在出具报告阶段，应形成内部确认的评估结果，并出具数据资产评估报告。

5. 设定评估参数

评估参数的设定对于确保评估结果的精确性和合理性具有至关重要的作用。不同的评估方法要求设定各具特色的参数体系。同时参数的设定应紧密结合评估对象的特点及市场环境，以确保评估结果的准确性和合理性。

在采用成本法进行评估时，关键参数包括重置成本和价值调整系数等，这些参数需依据数据资产的原始投入、当前市场条件下的重建成本以及存在的价值损耗等因素进行设定。

而在收益法的应用中，折现率和预期收益等参数的设定则显得尤为重要。折现率需反映资金的时间价值及风险水平，而预期收益的预测需要基于对数据资产未来应用前景及市场潜力的深入分析。

至于市场法，其核心在于选取合适的可比案例，并据此设定可比案例数据资产的价值及技术修正系数等参数。这些参数的设定需充分考虑市场环境的变化、交易条件的差异以及数据资产的技术特性等因素。

6. 确定评估周期

评估周期的合理确定，对于保持数据资产评估结果的持续有效性和准确性至关重要。这需根据数据资产自身特性的变化及市场环境的动态调整来灵活设定。

在初步评估阶段，旨在通过全面的数据收集与分析，初步确定数据资产的大致价值范围，为后续评估奠定基础。定期复评则是确保评估结果准确性和时效性的关键环节。通过周期性的复查与更新，可及时发现并纠正评估过程中的偏差，保证评估结果与数据资产实际价值的一致性。此外，动态调整机制不可或缺。面对市场环境的瞬息万变和技术进步的不断推进，需适时对数据资产评估方法和参数进行微调，以便更好地反映数据资产的真实价值。

7. 制订风险管理计划

风险管理计划的精心制订，对于保障评估工作的平稳推进具有至关重要的作用。在评估流程中，潜在的风险多种多样，主要包括数据质量风险、市场风险及技术风险。

为有效应对这些风险，需采取系统化的管理策略。第一步是需要设置细致的风险识别环节，准确捕捉评估过程中可能遭遇的各类风险点。第二步是对识别出的风险进行科学评估，明确其潜在影响及发生概率。第三步是针对性地制定风险应对措施，例如，通过强化数据收集、清洗及验证流程，提升数据质量，从而降低数据质量风险；通过深入开展市场调研，准确把握市场动态，有效规避市场风险；通过持续关注技术前沿动态，及时调整评估方法与技术手段，积极应对技术风险。

8. 建立反馈机制

反馈机制的构建是确保评估工作不断完善与优化的重要基石，它在评估流程中扮演着至关重要的角色。这一机制的核心价值在于能够敏锐地洞察评估工作中的短板与不足，并迅速触发相应的改进举措，从而推动评估实践向更高层次迈进。

在评估工作的各个阶段，包括评估实施期间及评估结束后，积极、主动地收集来自委托方及其他利益相关者的反馈意见至关重要。这些意见往往蕴含着对评估流程、方法、结果等多方面的直观感受与深刻见解，是评估工作持续改进的宝贵资源。通过系统化的收集渠道与高效的整理分析手段，将这些意见转化为具体的改进建议，有助于精准定位评估工作中的问题所在，为后续的优化工作指明方向。

持续改进评估流程与方法，不仅意味着技术层面的精进，更涉及评估理念与策略的革新。它要求评估者保持高度的敏锐性与创新性，勇于尝试新方法、新技术，以不断提升评估工作的质量与效率。同时，这一过程也促进了评估工作标准化、规范化的进程，为评估结果的客观性与准确性提供了有力保障。

第二节　确定评估目标

在数字化时代，数据资产已成为企业最宝贵的资源之一，其评估目标的设定不再局限于传统的价值量化，而是涵盖了更为广泛且深入的领域。本节将从多维度、动态性以及价值共创等新颖视角，对数据资产评估目标进行深入分析，以期为企业提供更全面、更科学的评估指导。

一、多维度视角下的评估目标设定

传统上，数据资产评估往往侧重于其经济价值，即数据资产能够为企业带来的直接经济利益。然而，在数字化转型加速的今天，数据资产的价值远远超出了这一范畴。因此，评估目标的设定应更加多元化，涵盖经济价值、战略价值、社会价值等多个维度。

1. 经济价值

经济价值是数据资产评估中最直观也最为人熟知的部分。它主要体现在数据资产能够为企业带来的直接经济收益，如通过数据分析优化运营流程、提升决策效率、降低成本等。在设定经济价值评估目标时，应关注数据资产的变现能力、市场规模、增长潜力等因素，以准确衡量其经济价值。

2. 战略价值

战略价值是数据资产评估中更为深远且复杂的部分。它体现在数据资产对企业战略定位、竞争优势构建、市场趋势把握等方面的贡献。在设定战略价值评估目标时，应关注数据资产与企业战略目标的契合度、数据资产在提升企业竞争力方面的作用、数据资产对市场趋势的预测能力等，以评估其对企业未来发展的战略意义。

3. 社会价值

社会价值是数据资产评估中较为新兴且重要的部分。它体现在数据资产在推动社会进步、改善公共服务、促进可持续发展等方面的作用。在设定社会价值评估目标时，应关注数据资产在提升公共服务水平、优化资源配置、促进环境保护等方面的贡献，以评估其对社会发展的积极影响。

二、动态性视角下的评估目标设定

数据资产的价值并非一成不变，而是随着市场环境、技术进步、企业战略等因素的变化而不断演变的。因此，评估目标的设定应具有动态性，能够灵活适应数据资产价值的变化。

1.市场环境变化

市场环境是影响数据资产价值的重要因素之一。随着市场需求的变化、竞争格局的调整以及政策法规的出台，数据资产的价值可能会发生变化。因此，在设定评估目标时，应充分考虑市场环境的变化，及时调整评估方法和参数，以确保评估结果的准确性和时效性。

2.技术进步

技术进步是推动数据资产价值提升的关键因素。随着大数据、人工智能、区块链等技术的不断发展，数据资产的采集、处理、分析和应用能力不断提升，其价值也随之增长。因此，在设定评估目标时，应关注技术进步对数据资产价值的影响，及时更新评估技术和方法，以反映数据资产价值的最新动态。

3.企业战略调整

企业战略是影响数据资产价值的重要内部因素。随着企业战略目标的调整、业务模式的创新以及组织架构的变革，数据资产在企业中的价值和作用也会发生变化。因此，在设定评估目标时，应充分考虑企业战略调整对数据资产价值的影响，及时调整评估目标和评估方法，以确保评估结果与企业战略保持一致。

三、价值共创视角下的评估目标设定

价值共创是数据资产评估中不可忽视的重要视角。它强调数据资产价值的创造和实现是多方共同参与的结果，包括企业、用户、合作伙伴等利益相关者。因此，在设定评估目标时，应关注价值共创的实现过程和效果，以评估数据资产在价值共创中的贡献。

1.企业价值共创

企业价值共创是指企业通过数据资产与内部利益相关者（如员工、部门等）共同创造价值的过程。在设定评估目标时，应关注数据资产在促进企业内部沟通、协作和创新方面的作用，以及数据资产在提升企业整体价值方面的贡献。通过评估数据资产在企业价值共创中的表现，可以了解数据资产在企业内部的价值实现情况。

2. 用户价值共创

用户价值共创是指企业通过数据资产与外部利益相关者（如用户、合作伙伴等）共同创造价值的过程。在设定评估目标时，应关注数据资产在提升用户体验、满足用户需求以及促进用户参与和创新方面的作用。通过评估数据资产在用户价值共创中的表现，可以了解数据资产在提升用户满意度和忠诚度方面的效果。

3. 合作伙伴价值共创

合作伙伴价值共创是指企业通过数据资产与合作伙伴共同创造价值的过程。在设定评估目标时，应关注数据资产在促进合作伙伴关系建立、加强合作效率以及推动合作创新方面的作用。通过评估数据资产在合作伙伴价值共创中的表现，可以了解数据资产在构建企业生态系统中的价值。

四、评估目标设定的实践建议

在设定数据资产评估目标时，企业应遵循科学性与客观性并重、全面性与针对性相结合的实践建议，确保评估结果能准确反映数据资产的真实价值。

1. 全面考虑

在设定数据资产评估目标时，企业应全面考虑数据资产的经济价值、战略价值和社会价值等多个维度，同时充分考量市场环境的变化、技术进步的推动以及企业战略的调整等动态因素，以确保评估目标的全面性和准确性，为企业的长远发展奠定坚实基础。

2. 灵活调整

随着市场环境的不断演变、技术的持续进步以及企业战略的动态调整，数据资产的价值亦随之发生深刻变化。因此，评估目标需及时进行调整与优化，以适应这些变化。企业应构建灵活的评估机制，以保障评估结果的时效性和准确性，为决策提供有力支撑。

3. 关注价值共创

在设定评估目标时，应关注数据资产在价值共创中的贡献，包括企业价值共创、用户价值共创和合作伙伴价值共创等方面。通过评估数据资产在价值共创中的表现，可以了解数据资产在提升企业整体价值、用户满意度和忠诚度以及构建企业生态系统中的价值。

4. 采用科学方法

在设定数据资产评估目标的过程中，企业应采用科学的方法和工具进行评估，包括但不限于数据分析、市场调研、专家咨询等多元化手段。通过科学方法的严谨应用，可以确保评估结果具有高度的客观性和准确性。

5. 强化风险管理

在设定评估目标时，应充分考虑数据资产评估过程中可能面临的风险和挑战，如数据质量风险、市场风险和技术风险等。企业应建立风险管理机制，加强风险评估和监控，确保评估工作的顺利进行和评估结果的可靠性。

第三节　选择适合的评估方法

数据资产评估在现代企业中扮演着至关重要的角色。随着数据成为企业的重要资产，如何准确评估其价值，选择适合的评估方法，成了一个亟须解决的问题。本节将从多个角度深度分析数据资产评估方法的选择，旨在为企业提供科学、合理的评估路径。

一、需要考虑的因素

数据资产评估是一个复杂而多维度的过程，需要考虑多种因素以确保评估结果的准确性和全面性。以下是对数据资产评估所需考虑因素的详细分析。

1. 目的和研究问题

评估方法的选择应该与研究的目的和研究问题相一致。不同的评估方法适用于不同的目的。如果目的是了解用户满意度，可以选择定量调研方法；如果目的是理解用户需求，可以选择定性方法。

2. 数据收集的可行性

在选定评估方法时，必须充分权衡数据收集的可行性。鉴于部分方法涉及较长时间周期、大量人力资源及经费的投入，在进行数据资产评估时必须全面考虑实际操作中的种种限制，确保所选方法既科学严谨又切实可行，符合当前的资源条件与实际需求。

3. 样本的代表性

评估方法的选择还在极大程度上依赖于所需样本的代表性。若样本缺乏代表性，则评估结果难以全面反映整体的真实状况。因此，在选择评估方法时，必须审慎考虑样本的获取途径与方法，并设法确保所选样本能充分代表整体，以保证评估结果的准确性和可靠性。

4. 数据分析和解释的要求

评估方法的选择同样需兼顾数据分析和解释的具体要求。鉴于不同的评估方法适用不同的数据分析技术和方法，所以在选择时务必根据评估目标、数据类型及特点，审慎考虑所需的分析技术和解释要求，以确保评估结果的精准解读与有效利用，从而支持更加科学合理的决策制定。

5. 不确定性和风险的考虑

评估方法的选择必须审慎考虑不确定性和风险因素。鉴于部分评估方法存在误差和偏差，在选择评估方法时需要全面评估不确定性和风险，并采取相应的措施予以控制和降低，以确保评估结果的准确性和可靠性。

二、评估方法

1. 成本法

成本法是根据形成数据资产的成本进行评估的方法。尽管无形资产的成本和价值先天具有弱对应性且成本具有不完整性，但数据资产采用成本法评估其价值存在一定合理性。成本法的特点是主要关注数据资产的投入成本，包括数据采集、存储、处理和分析等各个环节的成本。这种方法适用于数据资产成本较为明确且成本占价值比重较大的情况。这种方法的优点是简单易懂，数据需求相对较少，适用于数据资产的创建或获取成本较为明确的情况。但是，成本法往往不能充分反映数据资产的潜在价值和市场需求，特别是对于具有创新性或独特性的数据资产。

2. 收益法

收益法是通过预计数据资产带来的收益估计其价值的方法。这种方法在实际中比较容易操作。该方法是目前对数据资产评估比较容易接受的一种方法，虽然目前使用数据资产收益的情况比较少，但根据数据交易中心提供的交易数据，还是能够对部分企业数据资产的收益进行了解的。收益法的特点是主要关注数据资产能够为企业带来的未来收益。这种方法适用于数据资产能够直接产生经济效益的情况。这种方法的优点是能够充分反映数据资产的潜在价值和市场需求，适用于具有明确收益来源的数据资产，如用于商业分析或营销的数据产品。但是，收益法需要对未来收益进行合理预测，并确定适当的折现率，这需要一定的专业知识和经验。同时，收益法的结果也受到预测准确性和市场风险的影响，市场波动、信息不对称等因素的影响，导致评估结果不稳定。

3. 市场法

市场法是根据相同或者相似的数据资产的近期或者往期成交价格，通过对比分析，评估数据资产价值的方法。根据数据资产价值的影响因素，可以利用市场法对不同属性的数据资产的价值进行对比和分析调整，反映出被评估数据资产的价值。市场法主要通过比较类似数据资产在市场上的交易价格来确定其价值。这种方法适用于数据资产市场较为成熟、交易活跃的情况。这种方法的优点是能够提供较为客观、市场认可的价值评估，适用于存在活跃的数据资产交易市场，并且有足够的可比交易案例的情况。但是，数据资产的独特性和交易的复杂性可能导致难以找到完全可比的交易案例，限制了市场法的应用。

第四节 执行评估

评估执行工作包括进行评估现场勘察、收集整理评估资料、确定评估方法、评估测算及结果分析与内部审核确认。

一、进行评估现场勘察

现场调查是数据资产评估过程中不可或缺的一部分，它有助于评估机构及专业人员深入了解评估对象的现状、特性、价值影响因素等，从而确保评估结果的准确性和全面性。通过现场调查，可以获取第一手资料，为评估提供有力支撑。

1. 现场调查的方式

调查的手段有实地勘察和在线评估调查，两种方式各有优劣，应根据评估对象的特点和实际情况灵活选择。第一种实地勘察指评估人员亲自到评估对象所在地进行实地考察，了解评估对象的物理形态、运行环境等。第二种在线评估勘察指利用现代信息技术手段，如远程访问、数据分析等，对评估对象进行在线调查和评估。

2. 现场调查的方法选择

现场调查的方法有逐项方式与抽样方式两种。逐项方式是对评估对象的每一项数据资产都进行详细的现场调查。这种方式适用于评估对象数量较少、价值较高或重要性较高的情况。抽样方式是从评估对象中随机选取一部分作为样本进行现场调查，然后根据样本情况推断整体情况。这种方式适用于评估对象数量较多、价值较低或重要性较低的情况。

3. 现场调查的注意事项

第一需要保持客观公正。评估人员在现场调查过程中应保持客观公正的态度，不受任何外部因素的影响和干扰。第二需要保护数据安全。在调查过程中，应严格遵守数据安全相关法律法规和规章制度，确保评估对象的数据安全不受损害。第三需要做好记录与归档。要对现场调查的过程、结果和发现的问题进行详细记录，并妥善归档保存，以备后续评估和分析使用。

二、收集整理评估资料

数据资产评估业务中的资料收集与核查验证是确保评估准确性和可靠性的重要环节。评估人员需要全面、准确地收集资料，并依法对资料进行核查验证。在遇到超出专业能力范畴或无法实施核查验证的事项时，评估人员需要寻求外部协助或在工作底稿和评估报告中予以说明和披露。

1. 资料收集的全面性与准确性

评估人员需要从多个渠道收集资料，包括委托人、其他相关当事人、政府部门、专业机构以及市场等。这种多元化的资料来源有助于确保评估的全面性和准确性。市场资料则反映了评估对象在当前市场中的表现和潜在价值。同时评估人员要求委托人或其他相关当事人对其提供的资料进行确认，是确保资料真实性和可靠性的重要步骤。确认方式包括签字、盖章及法律允许的其他方式，这些方式都具有法律效力，能够增强资料的可信度。

2. 核查验证的严谨性与专业性

核查验证的方式包括观察、询问、书面审查、实地调查、查询、函证、复核等，这些方式各有侧重，能够全面覆盖资料的各个方面。评估人员在遇到超出其专业能力范畴的核查验证事项时，应当寻求外部协助，以确保评估的准确性和专业性，因为这涉及委托其他专业机构出具意见。评估机构具有更专业的知识和技术，能够提供更准确和可靠的评估结果。

3. 无法实施核查验证的处理与披露

因法律法规规定或客观条件限制无法实施核查验证的事项，评估人员需要在工作底稿中予以说明，并分析其对评估结论的影响程度。这些事项可能包括法律法规禁止的查询、涉及个人隐私或商业机密的资料、无法到达的实地调查地点等。评估人员需要评估这些无法实施核查验证的事项对评估结论的潜在影响，并在评估报告中予以披露。

三、确定评估方法

1. 数据资产的"基因解码"

每种数据类型、来源、结构都承载着其独特的"基因信息"。选择评估方法的首要步骤，就是对数据进行深度解码，理解数据的本质特征。这包括分析数据的完整性、准确性、时效性，以及它们如何与业务目标、市场环境等外部因素相互作用。这一步骤为评估方法的选择提供坚实的理论基础。

2. "场景化"评估策略

将数据资产评估置于不同的"场景"中考虑，如数据交易、融资、合规性等。每个场景对数据价值的解读与需求都有所不同，因此评估方法的选择也应随之调整。例如，在数据交易场景中，更侧重于市场比较法来评估数据的公允价值；在融资场景中，则需要结合收益法来评估数据的未来收益潜力。

3. "多维度"评估框架

构建一个包含技术、经济、法律等多维度的评估框架。数据资产的价值往往不仅仅体现在技术层面，还与其经济贡献、法律合规性等方面紧密相关。因此，在选择评估方法时，我们需要综合考虑这些维度，确保评估结果的全面性和准确性。

四、评估测算及结果分析

评估预测及结果分析是指依据选用的评估方法，汇总整理分析评估资料，对评估结果进行测算，分析评估结果的合理性。

1. 保证测算过程正确

在选择评估方法时，需确保其适用于评估对象的特点和评估目的。不同的数据类型、应用场景和价值类型可能需要不同的评估方法。评估人员应对所选方法有深入的理解，并熟悉其操作步骤和假设条件，以确保在测算过程中能够正确应用。评估结果的质量在很大程度上取决于输入数据的准确性。因此，在测算前，应对评估资料进行全面的审查和校验，确保其真实、完整、可靠。

2. 测算前后逻辑保持一致

在评估过程中，可能需要设定一些假设条件来简化问题或处理不确定性。这些假设条件应基于合理的依据，并在测算过程中保持一致。若在测算过程中发现假设条件不再适用或与实际情况存在较大偏差，应及时进行调整，并重新进行测算。评估范围应明确界定，并在测算过程中保持一致。这包括评估对象、评估时间、评估价值类型等方面的界定。

五、内部审核确认

内部审核确认指按照评估机构的质量控制制度，对评估报告进行审核确认。具体要求如下。

1. 参与审核的人员应具备相应的知识和技能

在专业知识和技能方面，审核人员需对审核对象所在领域的基本概念、原理、标准及法规有深入的理解。这包括但不限于行业标准、技术规范、法律法规以及相关政策等，以确保审核过程能够符合行业要求和法律框架。

2. 涉及实质专业技术问题时要与项目技术人员协商

评估过程中遇到复杂或专业性强的技术问题时，评估人员不应仅凭自身经验或有限的知识储备做出判断，而应主动与项目技术人员进行深入的交流和探讨。这种沟通应基于平等、开放和尊重的态度，鼓励双方充分表达观点和意见，共同寻找最佳解决方案。

3. 要注重审核的内容及效果

具体审核的内容主要包括：评估程序的履行情况；评估资料的完整性、客观性、适时性，评估方法、评估技术思路的合理性；评估目的、价值类型、评估假设、评估参数及评估结论在性质和逻辑上的一致性；评估计算公式及计算过程的正确性及技术参数选取的合理性；当采用多种方法进行评估时，需审查各种评估方法所依据的假设、前提、数据、参数可比性；评估结论的合理性；评估报告的合规性。

第五节　结果分析与报告

一、分析结果

1. 检查评估方法的合理性

回顾所采用的评估方法是否适合数据资产的特点和评估目的，需要考虑数据的类型、用途、时效性等因素，以及评估方法的适用性、局限性和可靠性。当数据资产具有较高的创新性和独特性，成本法可能不太适合，而收益法或市场法更能反映其价值。评估是否充分考虑了各种影响因素，如数据质量、市场需求、竞争情况、技术发展趋势等。如果部分重要因素被忽略，则会导致评估结果不准确。

2. 对比不同评估方法的结果

如果时间宽裕，评估人员可尝试使用多种评估方法对数据资产进行评估，并比较不同方法得出的结果。如果结果差异较大，则需要进一步分析原因。成本法和收益法可能会因为对未来收益的预测不同而产生较大差异，这时可以通过调整预测参数或重新评估数据资产的风险来缩小差异。可以参考行业标准、类似数据资产的评估案例或专业评估机构的意见，判断评估结果的合理性。如果评估结果与行业平均水平或类似资产的价值相差甚远，则需要重新审视评估过程。

3. 验证数据的准确性和可靠性

要检查评估过程中所使用的数据是否准确、完整和可靠。数据的来源、采集方法和处理过程都会影响数据的质量。评估人员对关键数据进行核实，如数据资产的规模、收入、成本等，确保数据的真实性。同时需确保所使用的数据反映了当前的市场情况和数据资产的实际状况。如果数据过时，则会导致评估结果不准确。

4. 明确数据资产的价值驱动因素

要分析数据资产的价值是由哪些因素驱动的。例如，对于用于商业分析的数据资产来说，数据的准确性、完整性和时效性可能是主要价值驱动因素；对于用于市场营销的数据资产来说，数据的规模、覆盖范围和针对性可能更为重要。要了解不同价值驱动因素对数据资产价值的贡献程度。通过分析，可以确定哪些因素对数据资产的价值影响最大，从而为数据资产的管理和优化提供方向。

二、出具评估报告

出具评估报告的工作是一个系统性、严谨性的过程，它不仅要求评估人员具备扎实的专业知识和丰富的实践经验，还需要与被评估方进行充分的沟通与协作。这一过程主要包括与被评估方交换意见和出具评估报告两个关键环节。

1. 与被评估方交换意见

资产评估机构在出具评估报告之前，为确保评估工作的透明度和公正性，可在不影响独立判断的前提下，与委托人或经委托人同意的其他相关方就报告内容进行深入沟通，以促进双方对评估结果的理解与共识。

2. 出具评估报告

数据资产评估机构及其专业人员在与委托方充分交换意见后，应依据反馈对评估报告进行合理修改，并重新执行内部审核流程以确保报告的准确性和完整性。最终，机构将正式出具评估报告，并明确告知委托人或其他使用人应基于报告内容合理、审慎地做出决策。

第六节 评估结果的应用

被评估出来的数据资产价值可以用来作为进行决策的依据。比如是否购买或出售数据资产，或者在企业内部如何更好地利用这些数据资产。所以，评估数据资产不仅仅是一门技术活，更是一门艺术，需要综合考虑多方面的因素。

一、财务决策与战略规划

1. 实缴出资与增资

数据资产评估结果可以作为企业实缴出资和增资的重要依据。根据评估结果，企业可以确定数据资产的价值，进而将其作为资本注入，增强企业的资本实力。在新《中华人民共和国公司法》放宽无形资产出资比例的背景下，数据资产评估结果对于确定无形资产在实缴出资中的占比具有关键作用。

2. 优化资本结构

通过数据资产评估，企业能精准量化自身数据资产价值，进而优化资本结构，有效分散财务风险。评估结果不仅能为融资策略提供科学依据，还助力企业提升资金使用效率，确保每一分投入都能带来最大化回报，为企业的稳健发展奠定坚实基础。

3. 战略投资与并购

在投资并购中，数据资产评估结果是判断目标企业价值的关键依据，它不仅能精确反映资产价值，还能揭示隐藏的机遇与风险，为企业的战略决策提供精准的数据支撑，确保投资安全，助力企业精准布局，实现长远发展。

二、风险管理

1. 数据泄露与合规性风险

数据资产评估结果不仅是企业数据价值的量化体现，更是数据安全与合规性的重要参考。通过评估，企业能精准识别数据泄露风险点，强化安全管理措施；同时，确保数据使用符合法规要求，维护企业声誉，为数据资产的合规运营提供坚实保障。

2. 数据质量与准确性风险

数据资产评估结果深度剖析数据质量，精准识别准确性、一致性和完整性等潜在问题。这一操作促使企业提前采取针对性措施，优化数据管理流程，有效预防数据错误，从而确保决策是基于高质量信息而做出的，降低因数据问题引发的决策失误风险。

三、市场定价与交易

1. 数据产品定价

数据资产评估结果为数据产品定价提供了科学依据，确保价格与价值相符，既保护了数据提供者的合法权益，也维护了消费者的公平交易权。这一机制有助于构建透明、公正的数据市场，促进数据资源的有效流通与利用，推动数据市场的持续健康发展。

2. 数据交易与融资

数据资产评估结果为企业数据资产的交易与融资提供了坚实的支撑。它使企业能够利用数据资产作为质押物，拓宽融资途径；同时，评估结果作为交易谈判的基准，确保了交易的公平、合理，促进了数据市场的规范化发展。

四、内部管理与决策支持

1. 绩效考核与激励机制

数据资产评估结果在企业绩效考核与激励机制中扮演关键角色。它不仅提供了数据资产价值的量化指标，使企业能精准衡量员工在数据增值中的贡献，还为企业制定科学合理的激励政策提供了依据，确保员工努力与回报相匹配，激发团队活力，推动企业持续发展。

2. 决策支持

评估结果可以为企业提供关键的市场洞察和消费者行为分析，帮助企业制定更加精准的营销策略和产品规划。同时，评估结果还可以作为企业制定长期发展战略的重要依据，指导企业的未来发展方向。

第七节　整理归集评估档案

数据资产评估档案管理是评估工作质量和效率的关键支撑。评估机构需建立健全的档案管理体系，确保档案的真实、完整、安全与可追溯。规范档案管理流程、提升评估工作的专业性和公信力，可为数据资产的价值发现和市场化应用奠定坚实基础。

一、数据资产评估档案管理制度与要求

1. 法律依据与准则

在数据资产评估领域，档案管理是确保评估工作公正、客观、准确的重要环节。这一环节不仅关乎评估结果的可信度，还直接影响到数据资产的市场流通与价值实现。因此，法律、行政法规及数据资产评估执

业准则对数据资产评估档案管理提出了明确的规定。

数据资产评估执业准则作为行业自律性规范，也对档案管理提出了明确要求。准则强调评估机构应建立完善的档案管理制度，明确档案管理职责和流程，确保档案的安全、完整与可追溯性。同时，准则还规定了档案保存期限、查阅权限等具体操作细节，为评估机构提供了具体的操作指导。

2. 制度建立

数据资产评估机构在建立健全档案管理制度时，应充分考虑法律、行政法规及执业准则的要求，并结合自身实际情况进行制度设计。制度应明确档案管理的职责分工、归档流程、保存期限、查阅权限等关键环节，确保档案管理的规范化、标准化。

制度对档案管理安全与持续使用的保障作用不容忽视。通过建立健全的档案管理制度，评估机构可以有效防范档案丢失、损坏等风险，确保档案的安全性和完整性。同时，制度还可以为档案的持续使用提供有力保障，方便评估机构在需要时快速查找和利用相关档案，提高工作效率和质量。

二、评估工作底稿的分类与内容

1. 管理类工作底稿

管理类工作底稿是数据资产评估过程中不可或缺的重要记录。它记录了评估业务的基本事项、委托合同、评估计划以及重大问题处理情况等关键信息，为评估工作的顺利开展提供了有力支持。

管理类工作底稿的主要内容包括：数据资产评估业务基本事项的记录，如评估对象、评估目的、评估范围等；数据资产评估委托合同，明确了评估机构与委托方的权利和义务；数据资产评估计划，详细规划了评估工作的步骤、方法和时间安排；重大问题处理记录，记录了评估过程中遇到的重要问题和解决方案；评估报告的审核意见，反映了评估机构对评估报告的审核结果和意见。

2. 操作类工作底稿

操作类工作底稿是评估人员在现场调查、收集评估资料和评定估算过程中形成的工作记录。它记录了评估人员的工作过程、方法和结果，是评估报告编制的重要依据。评估人员在编制操作类工作底稿时应注重细节和准确性，确保底稿能够真实反映评估工作的过程和结果。

操作类工作底稿的内容差异与构成主要取决于评估目的、评估对象和评估方法等因素。一般来说，操作类工作底稿包括现场调查记录与相关资料、委托人或其他相关当事人提供的资料、收集的评估资料以及评定估算过程记录等。

三、评估档案的归集与保存

1. 归集要求

评估档案的归集是档案管理的重要环节。评估机构应明确归集档案的时限要求，确保评估工作完成后能够及时归档。一般来说，一般项目的归档时限应在评估报告日后 90 日内完成，重大或特殊项目的归档时限则应在评估结论使用有效期届满后 30 日内完成。

在归档过程中，评估机构应注重归档目录的编制和文档介质形式的注明。归档目录应清晰列出档案的内容和顺序，方便查阅和管理。同时，文档介质形式的注明也至关重要，它可以帮助评估机构了解档案的存储方式和读取方式，确保档案的长期保存和可读性。

2. 保存期限

评估档案的保存期限是档案管理的另一个重要环节。评估机构应根据法律、行政法规及执业准则的要求，结合评估档案的实际情况确定保存期限。一般来说，一般项目的保存期限不少于十五年，法定数据资产评估业务的保存期限则不少于三十年。

在保存期限内，评估机构应对档案进行妥善保管和维护。一方面，评估机构应建立专门的档案库或档案室，确保档案的安全性和完整性；另一方面，评估机构还应定期对档案进行检查和维护，及时发现和解决档案存在的问题和隐患。对于非法删改或销毁档案的行为，评估机构应依法追究相关人员的法律责任。

四、评估档案的真实性与完整性及记录要求

1. 真实性

评估档案的真实性对于评估结果的可靠性至关重要。底稿的真实性不仅关乎评估工作的公正性和客观性，还直接影响到评估报告的可信度和市场认可度。因此，评估机构在编制和归档底稿时应注重真实性的要求。

2. 完整性

评估档案的完整性是评估工作质量和效率的重要保障。一方面，评估机构应明确底稿的内容和格式要求，确保底稿能够全面、准确地反映评估工作的过程和结果。通过明确的内容和格式要求，可以规范评估人员的编制行为，提高底稿的质量和可读性。另一方面，评估机构还应加强对底稿的审核和检查力度，及时发现和补充缺失的底稿内容，确保底稿的完整性和可追溯性。

3. 记录要求

评估档案的记录要求直接关系到评估工作的质量和效率。为了确保底稿的真实性和完整性，评估机构应提出明确的记录要求。这些要求应包括底稿的编制方法、记录内容、记录格式等方面。确保底稿能够按照规定的程序和要求进行编制。在记录内容方面，评估机构应明确底稿需要记录的关键信息和数据，确保底稿能够全面、准确地反映评估工作的过程和结果。在记录格式方面，评估机构应规定底稿的排版、字体、字号等具体要求，确保底稿的整洁、美观和可读性。

五、评估档案的保密与查阅

1. 保密制度

保密制度应明确评估档案的保密等级和保密期限，对不同等级的评估档案采取不同的保密措施。同时，保密制度还应规定评估档案的查阅

权限和条件，确保只有经过授权的人员才能查阅相关档案。此外，保密制度还应强调对违反保密规定的行为进行处罚和追究责任，以维护评估工作的严肃性和权威性。

2. 查阅权限

评估档案的查阅权限是评估工作透明度和公正性的重要体现。评估机构应明确评估档案的查阅权限和条件，确保相关利益方能够依法依规查阅相关档案。评估档案的查阅权限包括国家机关依法调阅、数据资产评估协会依法依规调阅以及其他依法依规查阅。国家机关在履行法定职责时，有权依法调阅相关评估档案；数据资产评估协会在履行行业自律职责时，也有权依法依规调阅相关评估档案。此外，其他依法依规查阅的情况也应得到充分考虑和保障。

需要指出的是，评估档案不得对外提供。这一原则旨在保护客户隐私和商业机密等敏感信息的安全性和保密性，防止相关信息被滥用或泄露。

第八节　贵州东方世纪科技股份有限公司数据资产评估案例

以贵州东方世纪科技股份有限公司（以下简称"贵州东方世纪"）的数据资产评估案例为例，分析该企业数据资产评估程序如下。

一、企业背景

贵州东方世纪是专注于水利信息化领域的高新技术企业，其核心业务包括水利信息化软件开发、系统集成、运维服务及数据资产运营等。近年来，公司积极探索数据资产的评估与运营，以实现数据资产的价值最大化。

二、评估程序

1. 评估准备阶段

一是明确评估目的。贵州东方世纪为了解自身数据资产的市场价值，以支持公司的融资、合作等决策，决定进行数据资产评估。

二是组建评估团队。公司聘请了具有相关资质和经验的评估机构，并组建了包括公司内部专家在内的评估团队。

2. 评估实施阶段

一是数据资产清查。评估团队对贵州东方世纪的数据资产进行了全面清查，包括数据资产的种类、规模、质量、应用场景等。

二是数据质量评估。通过层次分析法、模糊综合评价法等方法，评估团队对数据资产的质量进行了量化评估，以确保评估结果的准确性和可靠性。

三是市场调研。评估团队对市场上类似数据资产的交易情况进行了调研，了解了市场供求状况、交易价格等信息，为评估提供了重要参考。

3. 评估方法的选择与应用

一是成本法。考虑到数据资产的获取成本、维护成本等因素，鉴于数据资产的特殊性，成本法在此案例中的应用较为有限。

二是收益法。根据数据资产的应用场景和预期收益，可预测未来一定期限内可能产生的现金流，并采用适当的折现率将其折现至当前时点，以估算数据资产的价值。收益法在此案例中得到了广泛应用。

4. 评估结论与报告编制

一是评估结论。评估团队经过详细计算和分析，得出了贵州东方世纪数据资产的评估价值。

二是报告编制。评估机构根据评估过程和结果，编制了详细的数据资产评估报告，包括评估目的、评估对象、评估方法、评估假设、评估结论等内容。

三、评估程序分析

贵州东方世纪的数据资产评估程序充分体现了专业性，评估团队具备丰富的数据资产评估经验和专业知识。评估程序涵盖了数据资产的清查、质量评估、市场调研、评估方法选择与应用等多个方面，确保了评估的全面性。通过结合多种评估方法，特别是收益法的应用，评估程序能够更准确地反映数据资产的实际价值和市场潜力。

四、案例亮点

贵州东方世纪通过数据资产评估，成功获得了贵阳银行的第一笔"数据贷"放款，为企业提供了新的融资途径。该案例展示了数据资产评估在推动数据资产化进程中的重要作用，为其他企业提供了有益的借鉴。贵州东方世纪的数据资产评估程序是一个专业、全面、科学的评估过程。通过该过程，企业能够更准确地了解自身数据资产的价值，并为后续的融资、合作等决策提供有力支持。

✍ 小贴士

中国资产评估协会资产评估专家指引 9 号
——数据资产评估

2019 年 12 月，中国资产评估协会发布《资产评估专家指引第 9 号——数据资产评估》（中评协〔2019〕40 号），对数据资产评估对象、评估方法以及评估报告的编制进行了详细说明；2023 年 9 月，为进一步规范数据资产评估行为，保护资产评估当事人合法权益和公共利益，中国资产评估协会制定并印发《数据资产评估指导意见》（中评协〔2023〕17 号），进一步明确了每种数据资产评估方法的操作要点，文件自 2023 年 10 月 1 日其施行。

表 5-1 为部分数据资产评估相关文件。

表5-1 数据资产评估相关文件

发布时间	文件名称	主要内容
2006.3	《企业会计准则第6号——无形资产》（财会〔2006〕3号）	规范无形资产的确认、计量和相关信息的披露
2019.12	《资产评估专家指引第9号——数据资产评估》（中评协〔2019〕40号）	着重介绍了数据资产评估对象、评估方法以及评估报告的编制，为评估机构执行数据资产评估业务提供了专家指引
2021.10	《信息技术 大数据 数据资产价值评估》（征求意见稿）	—
2023.8	《企业数据资源相关会计处理暂行规定》（财会〔2023〕11号）	明确了数据资源在财务报表中进行会计确认和计量的思路，规定自2024年1月1日起施行
2023.9	《数据资产评估指导意见》（中评协〔2023〕17号）	明确了数据资产评估基本原则、评估对象、操作要求、评估方法、披露要求五项重点内容
2023.12	《关于加强数据资产管理的指导意见》（财资〔2023〕141号）	提出建立数据资产管理制度：明确数据资产管理的十二项重点工作内容和全流程管理；指出重点从评估标准、评估机构、评估人才等重点环节出发，健全数据资产价值评估体系

《资产评估专家指引第9号——数据资产评估》的内容分为引言、评估对象、数据资产的评估方法、数据资产评估报告的编制四个部分，共四章三十三条。该文件所指的数据资产评估是资产评估机构、资产评估专业人员遵守法律、行政法规和资产评估准则，接受委托对评估基准日特定目的下的数据资产价值进行评定和估算，并出具资产评估报告的专业行为。

该文件的实施对资产评估行业产生了深远的影响。首先，该文件提高了资产评估的规范性和透明度，有助于增强市场公信力。其次，它明确了评估过程中的风险点和质量控制要求，有助于降低评估风险，提高评估质量。最后，它还为评估人员提供了全面的操作指南，有助于提高其专业素质和业务能力。

第六章

数据资产评价系统

▶▶▶

　　数据资产评价系统用于评估和管理数据资产的价值、质量和风险，帮助组织更好地理解和利用其数据。该系统的核心功能通常包括数据真实性评价、数据使用性评价、数据质量评估和数据价值确认。

第一节　数据的真实性评价

数据的真实性指的是数据能够准确反映客观事实的程度，涵盖了数据的准确性、完整性和及时性。具体来说，数据的真实性要求数据在收集、处理、存储和传播的过程中，不受人为或技术因素的影响而发生扭曲，确保数据源的纯净和数据链条的透明。

数据的真实性评价是数据质量管理中的一个关键方面，主要关注的是验证数据是否反映了真实的情况，确保数据的可靠性和可信度。数据的真实性评价是从数据集是否有可靠来源、是否被破坏、是否能客观反映真实事物等角度开展评估和判定的。数据的真实性是数据价值的基础和前提，只有数据真实可靠，才能对其加以利用，从而挖掘出价值。

数据是否真实可以从以下三个方面来评价。

一、数据的可靠性

1. 数据可靠性的概念与意义

数据的可靠性是指数据在使用过程中表现出的准确性、一致性和可用性的程度。高可靠性的数据可以确保在被需要时提供正确、及时的信息，从而支持业务决策和运营。评估者对数据集的来源是否可靠进行判定，通过对数据集的所有者信息、备案登记信息、标识符、数据提供者信息、合法性等进行确认，评价数据来源的真实程度，从面确认数据的可靠性。比如对于某网页发布的数据的可靠性，评估者可根据数据的发布者、服务器地址信息、备案信息、安全监测信息、网站认证信息、网站处罚和举报记录等进行判断，并给出评价结果。

数据可靠性的意义主要体现在保障决策的正确性、提高数据质量、增强公信力、满足合规要求和支持科学研究与技术创新五个方面。一是保障决策的正确性。真实但不可靠的数据可能导致决策失误。例如，如果数据来源不可靠或收集过程存在问题，那么即使数据本身是真实的，也可能因为偏差或误差而影响决策的准确性。因此，数据可靠性是确保决策正确性的前提条件。二是提高数据质量。数据可靠性要求数据在传输、存储和处理过程中保持其原始状态，不出现丢失、损坏或错误等问题。这有助于提高数据的整体质量，使数据更加准确、完整和一致。三是增强公信力。可靠的数据能够增强公众对政府、企业等机构的信任度。在信息时代，数据已经成为人们认识世界、做出决策的重要依据。如果数据不可靠，就会破坏社会信任体系，影响机构的公信力。四是满足合规要求。在许多行业和组织中，数据可靠性是合规要求的重要组成部分。例如在金融行业，监管机构要求金融机构必须确保数据的可靠性，以遵守相关法律法规和监管要求。五是支持科学研究与技术创新。科学研究和技术创新需要依赖可靠的数据来验证假设、发现规律、推动技术进步。如果数据不可靠，就会误导研究方向，影响科研成果的准确性和可信度。

2. 数据可靠性的内容

在数据真实性评价中，数据可靠性的内容主要包括以下六个方面：一是数据来源的可靠性。数据应来源于公认的、有信誉的机构或研究者，如政府统计部门、权威研究机构、知名大学或公司等。这些数据来源通常具有更高的权威性和可信度。数据收集的背景、过程和方法应公开透明，以便他人验证和复核。透明度有助于增加数据的可信度。二是数据收集和处理方法的科学性。数据收集应采用合理的抽样方法，确保样本具有代表性，能够真实反映总体情况。数据分析应采用科学的方法和技术，如统计学方法、机器学习算法等，以确保分析结果的准确性和可靠性。三是数据传输和存储过程中的安全性。在数据传输过程中，应采用加密技术确保数据不被未经授权的第三方访问或篡改。应建立完善的数据备份和恢复机制，以防数据丢失或损坏。这有助于保障数据的完整性和可用性。四是数据的一致性和稳定性。应对不同来源或不同时间点的数据进行比对和验证，以确保数据的一致性和稳定性。数据应定期更新和维护，以反映最新的情况。同时，应对数据进行定期校验和修正，以确保数据的准确性。五是数据质量的评估和改进。应建立全面的数据质量评估指标，如准确性、完整性、一致性、及时性等，以全面衡量数据的质量。应建立持续改进机制，对数据质量问题进行及时识别和纠正，不断提高数据的质量。六是遵守相关法律法规和行业标准。在数据收集、处理、传输和存储过程中，应遵守相关法律法规和行业标准，如数据保护法规、隐私保护法规等，以确保数据的合规性。

3. 保证数据可靠性的关键

确保数据可靠性是一个多步骤、多层次的过程，包括以下关键方法。

第一，在数据采集阶段，需要选择可信赖的数据源，确保数据源具备足够的权威性和准确性，需要设计合理的数据采集流程，使用标准化的和自动化的采集工具，减少人为干预和错误；需要进行定期的校验和测试，确保数据采集工具准确无误。

第二，在数据处理阶段，需要使用数据清洗工具和算法、删除重复数据、处理缺失数据、纠正错误数据和标准化数据格式，应当对数据进行一致性检查，如跨系统、跨模块的数据一致性验证，实施严格的参考数据管理，确保关联数据的一致性；需要定期进行数据验证和审核，确保数据的准确性和完整性，同时，可以结合人工审核与自动化工具，提升数据验证效率。

第三，在数据存储和管理阶段，应当制定并实施数据备份策略，定期备份重要数据，定期进行数据恢复演练，确保在发生数据丢失或损坏时能够及时恢复数据；应实施数据加密，保护数据存储和传输的安全性；应维护数据日志，记录数据操作历史，便于跟踪和追责。

第四，在数据利用阶段，需要实施实时数据监控，及时发现和处理数据异常，使用数据分析工具和算法，检查和验证数据的一致性和准确性。

4. 数据可靠性的应用

在数据真实性评价中，数据可靠性的应用场景广泛，几乎涵盖了所有需要依赖数据进行决策的领域。一是企业数据管理。企业在进行数据整合、数据仓库、数据挖掘等业务时，需要对内部和外部来源的数据进行标准化处理，以保证数据的质量和可用性。在这个过程中，数据可靠性的评价至关重要，它能够确保企业所使用的数据是准确、一致且可信赖的，从而支持企业做出明智的决策。二是政府数据公开。政府在发布政府数据公开平台时，需要对不同部门、机构、格式的数据进行标准化处理，以便于公众的访问和使用。数据可靠性评价能够确保公开的数据是准确、完整且可靠的，从而增强公众对政府数据的信任度，促进数据在政府决策和社会治理中的有效应用。三是金融数据分析。金融行业在进行风险评估、投资分析、贷款评估等业务时，需要对不同来源、格式、规格的数据进行标准化处理，以保证数据的准确性和可靠性。数据可靠性评价能够确保金融机构所使用的数据是真实可信的，从而支持金融机构做出准确的风险评估和投资决策，保护投资者的利益。四是医疗数据分析。医疗行业在进行病例研究、药物研发、疫苗研究等业务时，需要对不同来源、格式、规格的数据进行标准化处理，以便于医生、研究者的诊断和治疗。数据可靠性评价能够确保医疗数据的准确性和可靠性，从而支持医生做出正确的诊断，推动药物研发和疫苗研究的进展。五是教育数据分析。教育行业在进行学生成绩分析、教育资源分配、教育政策评估等业务时，需要对不同来源、格式、规格的数据进行标准化处理，以提高教育决策的科学性和公正性。数据可靠性评价能够确保教育数据的真实性和可靠性，从而支持教育部门做出公正的教育资源分配决策，优化教育政策。六是市场营销与消费者行为分析。企业在进行市场营销活动时，需要通过分析消费者的行为和偏好来制定精准的营销策略。数据可靠性评价能够确保所使用的消费者行为数据是准确、可靠的，从而支持企业制定有效的营销策略，提高营销效果。七是物流与供应链管理。物流行业利用数据服务实现货物的跟踪和配送路线的优化，提高物流的准确性和及时性。数据可靠性评价能够确保物流数据的准确性和一致性，从而支持物流行业提高配送效率，降低运营成本。

二、数据的失真度

1. 数据失真度的概念与意义

数据的失真度是指数据偏离实际情况或真实值的程度。较高的失真度意味着数据在传递、存储或处理过程中发生了偏差或错误，无法准确反映真实情况。数据失真可能由多种原因导致，评估者应对数据集是否被破坏进行判断，如增加、删除、修改数据等。数据集被破坏到一定程度，会导致数据与真实情况产生严重偏差，进而造成数据的失真。数据集在存储过程中会受到物理破坏，在传输过程中会受到外界干扰，在操作过程中会出现异常操作等，这些都可能对数据集造成破坏，使数据集有不同程度的缺报，进而引起失真。如果一个数据集能很好地反映真实情况，没有被增删改等，那么该数据集就是齐全完备的，没有失真。

数据失真度的意义在于衡量数据在传输、存储或处理过程中发生的变形或改变程度，这种变形可能导致数据质量下降，使接收到的数据与原始数据之间存在差异。数据失真度是评价数据质量的重要指标之一，其意义主要体现在以下几个方面：一是反映数据准确性。数据失真度直接反映了数据的准确性。当数据失真度较高时，说明数据在传输、存储或处理过程中发生了较大的变形或改变，导致数据结果与真实数据存在较大偏差。这可能会影响基于这些数据做出的决策或分析的有效性。二是评估数据传输质量。在数据传输过程中，数据失真度可以用来评估传输通道的质量。如果传输通道存在噪声、干扰等问题，就可能导致数据失真度增加。因此，通过监测数据失真度，评估者可以及时发现并解决传输通道中的问题，确保数据的准确传输。三是优化数据处理算法。数据处理算法的性能直接影响数据失真度。通过评估不同算法处理后的数据失真度，可以优化算法参数，提高算法的性能，从而减小数据失真度，提高数据质量。四是保障系统可靠性。在许多应用中，如通信、控制、监测等，数据的准确性对于系统的正常运行至关重要。数据失真度可以用来评估系统在这些应用中的可靠性。如果数据失真度过高，可能导致系统误判、误操作等问题，影响系统的正常运行。因此，通过监测和控制数据失真度，可以保障系统的可靠性。五是辅助决策支持。在决策支持系统中，数据失真度可以作为评估数据质量的一个重要指标。通过对不同来源、不同时间点的数据进行失真度分析，可以帮助决策者识别出数据中的问题，提高决策的科学性和准确性。六是促进技术进步。数据失真度的研究有助于推动相关领域的技术进步。例如，在通信领域，通过降低数据失真度可以提高通信质量；在图像处理领域，通过减小图像失真度可以提高图像识别和分类的准确性。

2. 数据失真度的内容

数据失真度的内容主要涉及对原始数据与接收到的数据之间差异或变形的量化评估。具体来说，数据失真度可以包括以下几个方面的内容。一是信号失真度。信号失真度是指在信号传输过程中，由于噪声、干扰或传输通道特性等原因，导致接收到的信号与原始信号之间的差异程度。信号失真度可以包括幅度失真、频率失真、相位失真等，这些失真会导致信号波形的形状、幅度和相位发生变化。信号失真度通常通过比较原始信号与接收信号的波形、频谱等特性来进行量化评估。二是图像失真度。图像失真度是指在图像采集、压缩、传输或显示过程中，由于各种原因导致图像质量下降的程度。图像失真度可以包括模糊、伪轮廓、颜色偏移、块效应等，这些失真会影响图像的清晰度和视觉效果。图像失真度通常通过比较原始图像与失真图像的像素值、颜色分布、边缘清晰度等特性来进行量化评估。三是音频失真度。音频失真度是指在音频采集、编码、传输或播放过程中，由于各种原因导致音频质量损失的程度。音频失真度可以包括噪声、失真、回声、断裂等，这些失真会影响音频的清晰度和音质。音频失真度通常通过比较原始音频与失真音频的波形、频谱、信噪比等特性来进行量化评估。四是数据丢失率。数据丢失率是指在数据传输、存储或处理过程中，由于各种原因导致部分或全部数据丢失的比例。数据丢失率会直接影响数据的完整性和可用性，对决策和分析产生负面影响。数据丢失率通常通过比较原始数据量与丢失数据量来进行量化评估。五是压缩失真度。压缩失真度是指在数据压缩过程中，由于压缩算法引入的信息丢失或失真程度。压缩失真度会影响数据还原后的质量和可用性，对需要高保真度的应用尤为重要。压缩失真度通常通过比较原始数据与压缩后还原数据的差异来进行量化评估。

3. 保证数据的真实度的关键

为了保证数据的真实度，应当采取以下策略和措施。

第一，在数据采集阶段，需要选择经过验证的、高质量的数据源，确保数据源的信誉和准确性；同时，采用多个数据源交叉验证的方法，确保采集到的数据一致，对异质数据源进行比对，识别和处理不一致的数据。

第二，在数据处理阶段，应当实施一致性检查、合法性校验及逻辑验证，确保数据符合预定义的质量标准和业务逻辑，可以使用数据质量工具和算法，自动化地进行质量检查；同时，需要对数据变更进行严格控制，记录数据变更日志，保留变更前后记录以便追溯，实施变更审计和审批流程，确保数据变更合理且必要。

第三，在数据存储和管理阶段，应当使用加密技术保护数据的存储和传输，防止数据在传输过程中被偷窥或篡改，建立访问控制措施，确保只有授权人员能够访问敏感数据。

第四，在数据利用和分析阶段，应当实行实时监控，及时发现数据异常并采取措施，使用实时数据质量检查工具，确保数据在传输和处理中的真实性。

4. 数据失真度的应用

数据失真度在多个领域具有广泛的应用，以下是一些主要的应用场景。

一是通信系统场景。在通信系统中，数据失真度是衡量信号传输质量的重要指标。通过监测数据失真度，评估者可以及时发现并解决信号传输中的问题，确保通信的准确性和可靠性。在通信过程中，信道编码技术被广泛应用于提高数据传输的可靠性。评估不同信道编码方案下的数据失真度，可以优化编码参数，降低数据传输的误码率。

二是图像处理场景。在图像处理领域，数据失真度常用于评估图像质量。评估者通过比较原始图像与处理后图像的失真度，可以判断图像处理算法的性能优劣，从而选择更合适的图像处理方案。在图像压缩过程中，数据失真度是衡量压缩算法性能的重要指标。评估不同压缩算法下的数据失真度，可以优化压缩参数，降低压缩过程中的信息丢失，提高图像还原后的质量。

三是音频处理场景。在音频处理领域，数据失真度常用于监控音频质量。评估者通过监测音频信号的失真度，可以及时发现并解决音频采集、编码、传输或播放过程中的问题，确保音频的清晰度和音质。在音频设备测试过程中，数据失真度是衡量设备性能的重要指标。评估不同音频设备在相同条件下的数据失真度，可以比较设备的性能优劣，选择更合适的音频设备。

四是数据分析与决策支持场景。在数据分析与决策支持过程中，数据失真度常用于数据预处理阶段。评估者通过识别和修复失真的数据，可以提高数据的准确性和可靠性，为后续的数据分析提供高质量的数据基础。在决策支持模型中，数据失真度可以用于评估模型对失真数据的敏感性和鲁棒性。优化模型参数和算法，降低模型对数据失真的敏感度，可以提高决策支持模型的准确性和可靠性。

五是物联网与传感器网络场景，在物联网和传感器网络中，传感器数据的准确性对于整个系统的性能至关重要。评估者通过监测传感器数据的失真度，可以及时发现并解决传感器故障或误差问题，确保传感器数据的准确性。在物联网和传感器网络中，数据失真度也可以用于监控网络传输质量。评估不同网络条件下的数据失真度，可以优化网络传输参数，提高数据传输的可靠性和实时性。

六是智慧系统场景。在智慧会展系统中，数据失真度可以用于评估系统对展览全过程数据的采集、存储、分析和可视化展示的准确性。评估者通过确保数据的准确性和可靠性，智慧会展系统可以为展览的决策提供更加全面而准确的信息支持。在智慧医疗系统中，数据失真度可以用于评估医疗数据的准确性和可靠性。通过确保医疗数据的准确性和一致性，智慧医疗系统可以辅助医生做出更准确的诊断和治疗方案。

三、数据的可信度

1. 数据可信度的概念与意义

数据的可信度是指数据被用户信任和依赖的程度，这包括数据的真实性、完整性、一致性和及时性等方面。确保数据的可信度是数据管理和治理的重要目标。评估者应对数据集的内容客观性、可证实性等开展评价。能客观反映事物、规范性强、来源权威且知名、产生的时间可核实的数据往往可信度较高。如果数据在已知或可接受的范围内，那么数据的可信度高。可信度评价一般针对非数值型数据，如媒体信息、商品评价内容等。

数据可信度在多个方面具有重要意义：一是决策制定的准确性。数据可信度是制定准确决策的基础。只有基于真实、准确的数据，管理者和决策者才能做出符合实际情况的判断和规划。不可信的数据可能导致决策失误，给企业或组织带来严重的经济损失或声誉损害。二是提升效率与效果。可信的数据能够帮助企业准确把握市场动态和客户需求，从而合理分配资源，提高运营效率和效果。基于可信数据的分析能够避免重复劳动和资源浪费，使工作更加高效和有针对性。三是增强信任与合作。企业提供可信的数据可以增强客户对企业的信任感，从而建立长期稳定的合作关系。在与其他企业或组织合作时，可信的数据有助于建立互信，促进合作的顺利进行。四是推动数据应用与发展。数据可信度是数据质量保障的关键要素之一。提高数据可信度有助于推动数据应用的深入发展，促进数字化转型和创新。基于可信数据的分析能够挖掘出更多有价值的信息和洞见，为企业创造更多的商业价值和社会价值。

2. 数据可信度的内容

数据可信度的内容主要包括数据来源的可靠性、数据的完整性和一致性、数据的准确性和精确性、数据的时效性和相关性、数据的客观性和公正性和数据的可验证性六个方面。

一是数据来源的可靠性。若数据来自政府机构、专业研究机构、知名媒体等权威机构，则能够保证数据的客观性和真实性。这些机构通常有严格的数据采集、处理和发布流程，能够减少数据错误和偏差的风险。

二是数据的完整性和一致性。数据应该包含所有必要的信息，没有遗漏或缺失。缺失或遗漏的数据可能会导致错误的结论或决策。数据在不同的来源、不同的时间点应该保持一致，例如同一个人的姓名、性别、年龄等信息应该一致。数据的一致性有助于验证数据的准确性，并减少数据矛盾或冲突的风险。

三是数据的准确性和精确性。数据应该与实际情况相符，没有错误或偏差。这包括数据的收集、处理和存储过程都要确保数据的准确性。数据应该根据需要精确到一定程度，例如数据应精确到小数点后几位。精确数据能提供更详细、更准确的数据支持，从而有助于决策者做出更精细的决策。

四是数据的时效性和相关性。数据应该及时更新，反映最新的情况，避免出现数据滞后或过时的情况。时效性对于一些实时性要求较高的应用场景非常重要，如金融市场分析、灾害预警等。数据应该与我们想要研究的问题或目标相关，避免出现数据与问题无关的情况。相关性有助于确保数据的针对性，从而提供更有效的决策支持。

五是数据的客观性和公正性。数据应该客观地反映实际情况，不掺杂个人主观观点或偏见。客观性有助于提供更中立、更客观的数据支持，从而做出更公正的决策。数据应该公正地对待所有相关信息，不倾向于任何一方。公正性有助于确保数据的全面性和平衡性，从而提供更全面的决策支持。

六是数据的可验证性。数据的准确性和可靠性可以通过一定的方法或技术进行验证，如对比不同来源的数据、使用校验和或其他技术来检查数据的一致性。

3. 保证数据可信度的关键

为提高和保证数据的可信度，可以在以下阶段采取措施。

第一，在数据采集和输入阶段，选择可信的数据源，使用经过验证和公认的高质量数据源，确保数据来源的可信度；同时，对外部数据来源进行背景调查和审核，确保其数据提供的准确性和及时性，采用多源交叉验证的方式，对同一数据进行多源验证，确保数据一致性和可靠性；对比不同数据来源的数据，识别和处理数据中的不一致和异常情况。

第二，在数据处理和管理阶段，执行数据清洗操作，处理异常数据，可以使用标准化方法处理异常值，确保数据质量，建立严格的数据变更控制流程，记录数据变更日志，并定期审核；同时，实施双人审核或多重审核机制，确保数据变更的可信度

第三，在数据存储和安全方面，制定并实施全面的数据备份策略，定期进行数据备份，定期测试数据恢复机制，确保在数据丢失或损坏情况下能够及时恢复数据；同时，使用加密技术保护数据在存储和传输中的安全性，防止数据被泄露和篡改，使用一致性校验算法和工具，确保数据在不同系统和数据库中的一致性。

第四，在数据使用和分析阶段，建立实时数据监控系统，建立实时数据监控系统，对关键数据进行实时监控和预警；设置数据质量报警机制，当检测到数据异常时及时通知相关人员进行处理；定期对数据质量进行评估和分析，包括数据的准确性、完整性、一致性等方面；根据评估结果对数据处理和管理流程进行优化和改进，提高数据质量；实施严格的数据使用权限管理，确保只有授权用户才能访问和修改数据；记录数据使用的日志和审计信息，对数据使用情况进行监控和追溯。

4. 数据可信度的应用

数据可信度在多个领域具有广泛的应用，以下是一些主要的应用场景。

一是新闻媒体场景。随着互联网的普及和技术的发展，新闻信息的传播速度变得更快，但其中不乏虚假和错误的信息。新闻机构和读者都需要依赖数据可信度来判断新闻报道的真实性和可靠性。可信的媒体不仅能够帮助读者获取真实的信息，也能够维护社会舆论秩序和传播正确的价值观。

二是电子商务场景。在电子商务领域，数据可信度对于消费者和商家都至关重要。消费者依赖可信度来评估商品或商家的诚信度，从而避免受到欺骗或购买到劣质产品。拥有高可信度的电商平台和商家能够赢得顾客的信任，建立稳定的客户群体并实现商业成功。

三是科学研究场景。在科学研究领域，数据可信度直接关系到学术界的发展和社会进步。同行评议制度的建立正是为了确保科学研究的可信度。通过同行评议，科研人员可以相互审查、验证和改进研究结果，确保其科学价值和可靠性。在学术界，高可信度的研究成果往往具有更高的学术影响力和知名度。

四是金融领域。在金融领域，数据可信度对于投资者来说至关重要。一家企业的财务报表的可信度将决定一个投资者是否愿意投资。金融机构也依赖可信度来评估借款人的信用状况，从而做出贷款决策。

五是医疗器械临床试验场景。在医疗器械临床试验流程中，数据质量保证与可信度评估是确保试验结果科学可靠的关键环节。建立完善的数据管理制度、制定数据采集标准操作规程、加强数据质量监控与审核等措施，可以提高试验数据的可信度和可靠性，为医疗器械临床试验的顺利进行提供有力保障。

六是区块链技术。在信用管理专业中，区块链技术通过去中心化的存储方式、先进的加密技术、共识机制以及智能合约等手段，提高了信用数据的透明度和可信度。这有助于减少数据被泄露和篡改的风险，增强用户的隐私保护，并提高数据的公信力。

七是大数据分析与机器学习。在大数据分析和机器学习领域，数据可信度对于模型的准确性和可靠性至关重要。使用可信度模型、混淆矩阵、提升图、基尼系数、KS 曲线、ROC 曲线等工具和方法，可以对数据进行可信度评估，从而优化模型性能并提高预测准确性。

四、如何保证数据的真实性

为保证数据的真实性，可以从数据来源、数据采集、数据存储与处理三个方面入手。

1. 数据来源

数据来源对于数据的真实性非常重要，因此需要注意以下几点：一是严格筛选与验证。在进行数据收集之前，应对潜在的数据来源进行详尽的背景调查，包括其信誉、历史数据质量、数据采集方法等。优先选择那些由政府机构、行业协会、知名研究机构或大型企业等权威机构发布的数据。对于非权威来源的数据，应通过多方比对、交叉验证等方式来确认其真实性。二是多样性原则。为降低数据失真的风险，应尽可能从多个不同的来源收集数据。多样化的数据来源有助于揭示数据的全面性和准确性，减少因单一来源可能带来的偏见或误差。三是持续监控与更新。应定期对数据来源进行复审，确保其仍然保持权威性和可靠性。随着时间和环境的变化，某些数据来源可能会变得不再可靠，因此需要及时更新数据源列表。

2. 数据采集

建立完善的数据采集过程，有助于确保数据的真实性：一是建立标准操作规程。应制定详细的数据采集标准操作规程，明确数据采集的流程、方法、标准和要求。规程应涵盖数据收集、整理、录入等各个环节，以确保数据采集的规范性和一致性。二是对人员进行培训与考核。应对数据采集人员进行专业的培训和考核，确保他们具备必要的技能和知识来执行数据采集任务；定期对采集人员进行复训和评估，以保持他们的专业能力和素质。三是利用现代技术手段。应采用自动化采集工具等来提高数据采集的效率和准确性；利用区块链等先进技术来记录和追踪数据采集过程，确保数据的完整性和可信度；通过数据校验、数据清洗等手段来进一步确保数据的真实性。

3. 数据处理与存储

在数据处理过程中，要确保数据处理的透明度，即对数据的处理过程进行记录和追踪，使数据的处理结果可追溯。这样可以提高数据处理的可信度，并为后续的数据验证和审查提供依据。在数据处理与存储过程中，需要注意以下几点：一是透明度与可追溯性。对数据的处理过程进行详细的记录和追踪，包括数据清洗、转换、合并等各个环节。确保数据处理过程的透明度，以便在需要时能够追溯数据的来源和处理过程。二是加密技术保护。采用先进的加密技术来保护数据的机密性和完整性。确保数据在存储和传输过程中不被未经授权的人员访问或篡改。三是数据备份与恢复。定期对数据进行备份，以防止数据丢失或损坏。建立完善的数据恢复机制，确保在数据出现问题时能够及时恢复。四是数据质量控制。在数据处理过程中实施严格的质量控制措施，包括数据校验、异常值处理、缺失值填充等。定期对数据质量进行评估和审查，确保数据的准确性和可靠性。五是合规性与法律要求。确保数据处理和存储过程符合相关的法律法规和行业标准。在处理个人敏感信息时，应遵守隐私保护和数据安全的相关规定。

第二节　数据使用性评价

数据使用性评价是对数据集是否有用、是否够用、是否可用进行评价。数据的使用性是数据资源内在价值所在，可从数据使用的角度评价数据集是否具备使用价值。对于数据使用性的评价，可以从以下三个方面进行。

一、数据的有用性

1. 数据有用性的概念与意义

数据的有用性是对数据集是否有用做出判断，包括数据自身是否具有价值、数据集适用的范围和对象、数据集的价值实现可能性等方面。数据价值因人而异，会受到应用需求和业务场景的影响，体现了数据有用性的相对性。数据集有一定的适用性，特定的用户和领域更能体现、发挥数据集的价值与作用。对于一个数据集是否能实现其预期价值，以及价值实现的难易程度等，可以使用现有的技术、方法、资源等进行综合判定。

数据有用性在多个领域和层面都具有重要意义：一是支持决策制定。有效的数据提供了有关组织所面临问题和机会的准确信息，可帮助管理层基于实际情况做出明智的决策。无论是企业战略规划、市场定位还是产品开发，都离不开数据的支持。二是提升业务效率。通过数据分析，企业可以发现业务流程中的瓶颈和低效环节，进而进行优化和改进。这有助于降低成本、提高生产效率和客户满意度。三是推动创新。数据可以为企业和组织提供新的商机和创新思路。通过对大量数据的分析和挖掘，企业和组织可以发现新的市场趋势、客户需求和技术应用，从而推动产品和服务的创新。四是增强客户体验。企业和组织利用数据可以更好地了解客户的需求和偏好，提供个性化的产品和服务。这有助于提升客户满意度和忠诚度，进而增强其市场竞争力。五是促进社会进步。数据在政府治理、环境保护、公共安全等领域也发挥着重要作用。以上领域通过对数据的分析和利用，可以提高公共服务的质量和效率，推动社会的可持续发展。

2. 数据有用性的内容

数据有用性的内容可以从多个维度进行阐述：一是数据的准确性。数据必须真实反映其所描述对象的实际情况，无错误或误导性信息。准确的数据是决策制定的基础，能够避免基于错误信息的决策失误。二是数据的完整性。数据应包含所有必要的信息点，以支持全面的分析和决策。完整的数据能够提供更全面的视角，帮助用户发现潜在的问题和机会。三是数据的可靠性。数据来源于可信的渠道，且经过适当的验证和处理。可靠的数据能够增强用户对数据的信任度，提高决策的可信度。四是数据的相关性。数据应与当前的需求或目标紧密相关，能够直接或间接地支持决策或分析过程。相关数据能够直接针对用户的问题或需求提供有价值的信息，提高决策的效率和效果。五是数据的及时性。数据应在需要时及时获取，以支持实时的决策和行动。及时的数据能够反映最新的情况，帮助用户抓住机遇或应对挑战。六是数据的兼容性。数据格式和结构与使用场景相匹配，便于处理和利用。具有兼容性的数据能够减少数据处理的复杂性和成本，提高数据的利用率。七是数据的易用性。数据易于理解、访问和使用，无须过多的技术或专业知识。易用的数据能够降低用户的学习和使用成本，提高数据的普及率和应用价值。八是数据的价值转化能力。数据能够转化为具体的业务价值或社会效益。有价值的数据能够直接推动业务增长、提高运营效率或改善社会福祉。

3. 数据有用性的评价指标

评估数据有用性可以使用以下几个指标：第一，要保证数据的准确性和完整性可参考——数据是否反映了真实的情况，有没有偏差和错误；数据是否完整，有没有重要信息的缺失。第二，要保证数据的时效性可参考——数据是否在适当的时间内被捕获和更新，是否具有及时性；数据是否能满足业务对实时性或近实时的需求。第三，要保证数据的可访问性和易用性可参考——数据是否容易在需要的时候被找到和访问，数据是否易于理解和使用，数据接口和格式是否友好。第四，要保证数据的一致性和标准化可参考——数据在不同系统和模块之间是否一致，是否避免了冲突和重复；数据是否遵循统一的标准和格式，是否便于整合和使用。第五，要保证数据的可操作性可参考——数据是否能提供有价值的洞见和信息，能否支持数据驱动的决策；数据是否能引导具体行动，能否提高业务效率和效果。第六，要保证数据的经济价值可参考——数据分析和应用带来的经济效益是否超过数据采集、处理和存储的成本；数据能否带来新的商业机会，能否提升产品或服务质量。

4. 数据有用性的应用

数据有用性的应用体现在多个领域和方面，包括商业决策、政府治理、环境保护、医疗健康、公共安全、智能制造和智慧旅游七个场景。

一是商业决策场景。在商业领域，数据有用性体现在支持企业制定更加精准和有效的商业决策上。通过收集和分析大量的市场数据、消费者行为数据、社交媒体数据等，企业可以深入了解市场趋势、消费者需求和竞争态势。这有助于企业优化产品策略、营销策略和整体运营策略，提高市场竞争力。例如，电商平台可以利用大数据分析用户行为，实现个性化推荐，提高转化率和用户满意度。

二是政府治理场景。在政府治理领域，数据有用性体现在支持政策制定、决策优化和社会治理上。政府可以通过收集和分析各种数据，了解社会经济状况、民生需求、市场趋势等信息，从而制定出更加科学、合理、有效的政策。同时，数据还可以帮助政府预测未来的发展趋势，为政策制定提供前瞻性思考。例如，政府可以利用大数据分析交通流量数据，优化城市交通管理，缓解交通拥堵问题。

三是环境保护场景。在环境保护领域，数据有用性体现在支持环境监测、污染预警和生态治理上。大数据技术可以收集、处理和分析大量的环境数据，实时监测环境状况并进行预警。例如，通过监测气象数据、水质数据、大气污染物数据等，可以及时发现污染源和环境异常，提前采取措施进行干预和预防。此外，大数据还可以帮助政府和企业优化资源配置，推动产业绿色转型，提高资源利用效率。

四是医疗健康场景。在医疗健康领域，数据有用性体现在支持个性化诊疗、疾病预防和医疗资源优化配置上。通过大数据分析患者的病史、基因信息等数据，医疗机构可以为患者提供个性化的诊疗方案和健康管理计划。同时，数据还可以帮助医疗机构预测疾病的爆发趋势，协助制定政策和采取措施。此外，大数据还可以帮助医疗机构分析医疗资源的使用情况和患者需求，优化医疗资源的配置和管理。

五是公共安全场景。在公共安全领域，数据有用性体现在支持犯罪侦查、反恐防范和网络安全上。通过收集和分析大量的数据，如犯罪数据、天气数据、交通数据等，可以建立预测模型，预测潜在的安全事件的发生概率。例如，警方可以利用大数据分析犯罪数据和监控录像，快速追踪和抓捕罪犯。同时，大数据还可以帮助政府和企业加强网络安全防护措施，保护用户数据和网络安全。

六是智能制造场景。在智能制造领域，数据有用性体现在支持生产流程优化、质量控制和设备维护上。通过大数据来分析生产过程中的数据，企业可以识别生产过程中的瓶颈和低效环节，并提供改进建议。例如，通过对设备运行数据的分析，可以发现设备维护需求并进行预防性维护，减少意外停机时间。此外，大数据还可以帮助企业优化资源配置，减少生产中的浪费和重复工作。

七是智慧旅游场景。在旅游行业，数据有用性体现在支持个性化推荐、旅游市场趋势分析和风险管理上。通过收集和分析游客的浏览记录、购买行为、兴趣爱好等信息，旅游平台可以构建精准的个性化推荐系统。同时，大数据还可以帮助旅游企业了解市场趋势，预测未来的旅游需求。此外，通过大数据还可以分析旅游行业面临的各种风险，如自然灾害、疾病传播等，企业可以及时了解风险信息并采取应对措施。

二、数据的够用性

1. 数据够用性的概念与意义

数据的够用性是指对数据集是否够用进行判断。数据是否够用一般存在数据不够用、数据够用、数据超出够用等情况。数据是否满足应用需求、能否达到预设期望是判断数据是否够用的依据，若某个数据集不能满足应用需求、不能达到预设期望，则说明这个数据集不够用；若某个数据集能够满足应用需求、达到预设期望，则说明这个数据集够用；在数据够用的情况下，数据集能达到超出预期的效果，则说明这个数据集超出够用。

数据够用性在数据使用性评价中具有重要的意义：一是提高决策效率。在数据量过大的情况下，分析和处理数据可能需要耗费大量的时间和资源。而数据够用性确保只收集和处理与特定需求相关的数据，从而提高决策的效率。二是降低成本。收集和存储大量数据可能会带来高昂的成本。数据够用性通过限制不必要的数据收集，有助于降低成本。三是增强数据安全性。处理的数据量越少，潜在的安全风险也越低。数据够用性有助于减少敏感数据的暴露，增强数据的安全性。四是促进数据隐私保护。在数据够用性的原则下，只收集和处理必要的数据，有助于减少对个人隐私的侵犯，促进数据隐私保护。

2. 数据够用性的内容

数据够用性是一个多维度的概念，它涵盖了全面性、准确性、可靠性和支持度四项内容。一是全面性。全面性要求数据集合必须覆盖所需分析或决策的所有关键方面。这意味着在数据收集过程中，必须确保没有遗漏任何对分析或决策至关重要的信息。为了确保全面性，需要清晰定义分析或决策的具体目标，以便确定需要哪些数据来支持这些目标；需要根据目标识别出对分析或决策结果有直接影响的关键数据元素，并确保这些数据元素都被包含在数据集合中。为了获得更全面的数据，可以从多个渠道收集信息，包括内部系统、外部数据库、市场调研等。二是准确性。准确性是数据够用性的另一个重要方面，它要求数据必须真实反映实际情况。准确性的缺失可能导致误导性信息或错误数据对决策产生负面影响。为了确保数据的准确性，需要确认数据的来源是否可靠，并检查数据收集过程是否存在偏差或错误。在进行数据分析之前，要对数据做清洗和预处理，以去除重复、错误或不一致的数据；选择经过验证的数据分析方法和技术，以确保分析结果的准确性。三是可靠性。可靠性是指数据的来源必须可靠，并且数据需经过适当的验证和清洗。可靠的数据是决策制定的基础，它能够为分析提供稳定且可信赖的依据。为了增强数据的可靠性，应当制定严格的数据质量标准和流程，确保数据在收集、存储和处理过程中的质量和可信度；定期对数据进行更新和验证，以确保数据的时效性和准确性；同时利用数据审计和监控工具对数据的使用和处理过程进行跟踪和记录，以便及时发现和纠正潜在的问题。四是支持度。支持度要求数据必须能够充分支持用户的分析、决策和需求。这意味着数据不仅要全面、准确和可靠，还要具有足够的价值和洞察力，以便为用户提供有意义的指导和建议。为了提高数据的支持度。需要与用户进行充分的沟通和交流，了解他们的具体需求和期望，以便为他们提供定制化的数据解决方案；利用先进的数据分析技术和工具，对数据进行深度挖掘和探索，以发现隐藏在数据背后的有价值信息和洞察；通过图表、报告等可视化方式展示数据分析结果，使用户能够更直观地理解和利用数据。

3. 数据够用性的评价指标

评估数据够用性可以使用以下几个指标：第一，数据完整性指标。数据集合中不存在关键字段或记录的缺失情况。数据涵盖所有必要的维度和指标，没有遗漏需要的信息。第二，数据准确性指标。数据值准确无误，真实反映了业务情况或分析对象的情况。数据经过多种途径的校验和验证，确保其准确性和真实性。第三，数据覆盖范围指标。数据集能够覆盖所需的地理区域和时间范围，适应不同的业务场景。数据集包含所有相关的业务领域和子领域，满足全面分析的需求。第四，数据深度和细节指标。数据的深度和细节适合特定的业务分析需求，既不缺乏细节也不过度冗长。数据提供了从高层概览到具体细节的多层次信息。第五，数据更新频率指标。数据能够及时更新，反映最新的业务情况或市场变化。数据的更新频率满足业务决策的需要，确保数据不会过于陈旧。

4. 数据够用性的应用

数据够用性的概念在多个实际应用场景中发挥着重要作用，包括商业分析、政府治理和个人隐私保护三个场景。

一是商业分析场景。在商业分析中，数据够用性的重要性不言而喻。企业在进行市场趋势分析、消费者行为研究等决策支持活动时，往往面对海量的数据。然而，并非所有数据都是必要的或有用的。遵循数据够用性原则，企业需要确定分析的具体目标，如识别市场趋势、预测消费者行为等；根据分析目标，筛选出与之直接相关的数据，如特定时间段内的销售数据、特定用户群体的行为日志等；通过限制数据量，减少数据预处理和分析的时间，从而快速获得有价值的洞察。减少不必要的数据收集和处理，有助于降低数据存储、处理和分析的成本。

二是政府治理场景。政府治理同样需要关注数据够用性。在制定政策、进行社会调查等决策过程中，政府需要收集和处理大量数据。然而，过度收集数据可能导致资源浪费和隐私泄露等问题。因此，政府应遵循数据够用性原则，确保只收集与决策直接相关的数据，如人口统计数据、经济指标等；确保收集到的数据准确、完整且及时，以支持科学的决策制定；在保护隐私的前提下，推动跨部门数据共享，提高数据利用效率；通过合理收集和使用数据，增强公众对政府决策透明度和公正性的信任。

三是个人隐私保护场景。在个人隐私保护领域，数据够用性原则具有特别重要的意义。随着数字技术的普及，个人数据的收集和处理变得越来越普遍。然而，过度收集个人数据可能导致隐私泄露和滥用等问题。因此，在收集和处理个人数据时，应遵循最小够用原则，即：在收集个人数据之前，明确收集目的和法律依据；只收集为实现特定目的所必需的个人数据，如姓名、联系方式等基本信息；对收集到的个人数据进行加密存储，防止未经授权的访问和泄露；赋予个人对其数据的访问权和控制权，如查询、更正、删除等。

三、数据的可用性

1. 数据可用性的概念与意义

数据的可用性是对数据集是否可用进行判断，包括数据是否被允许使用、数据能否被访问使用等。数据是否被允许使用涉及数据权属和隐私等方面的问题，数据能否被访问使用主要涉及权限方面的问题。可用的数据通常指能被访问、能被机器读取或可编程的数据。

数据可用性对于现代企业和组织来说具有极其重要的意义：一是支持业务决策。数据可用性为企业决策提供了基础和支持。当数据易于访问和使用时，决策者能够及时获取准确的数据，做出更明智的决策，从而提高业务的效率和竞争力。二是促进业务创新。高度可用的数据可以促进业务的创新和发展。通过快速获取和分析数据，组织能够发现新的商机、了解市场趋势，并基于数据驱动的见解进行创新，推动业务增长和竞争优势。三是提升用户体验。数据可用性对于提供优质的用户体验和个性化服务至关重要。通过充分利用数据，企业能够了解用户需求和偏好，为他们提供定制化的产品和服务，增强用户满意度和忠诚度。四是确保数据安全和合规性。数据可用性还涉及数据的安全性和合规性。确保数据在需要时能够被正确地访问和使用，同时保护数据免受未经授权的访问和泄露，是维护企业声誉和客户信任的重要保障。

2. 数据可用性的内容

数据可用性的内容涵盖了多个方面，这些方面共同确保了数据在需要时能够被有效地访问、使用和处理：一是数据访问的便利性。数据应该能够被授权用户在任何时间、任何地点通过适当的工具或平台轻松访问。这包括数据的存储位置、访问权限设置以及访问界面的友好性。数据应该以易于理解和处理的格式存储，并提供标准化的接口，以便不同的系统和应用能够方便地进行数据交换和集成。二是数据的完整性和准确性。数据集合应该包含所有必要的信息，以满足分析、决策或操作的需求。任何关键数据的缺失都可能导致数据不可用。数据应该真实反映实际情况，避免误导性信息或错误数据对决策产生负面影响。这要求数据在收集、处理和存储过程中必须保持高精度。三是数据的时效性和一致性。数据应该是最新的，能够反映当前的实际情况。过时的数据即使存在，也可能因为失去时效性而变得不可用。数据在不同系统和应用之间应该保持一致，避免矛盾或冲突。这要求数据在传输和交换过程中必须保持其原始含义和格式。四是数据的安全性和隐私保护。数据应该得到妥善保护，免受未经授权的访问、泄露、篡改或破坏。这包括采用加密技术、访问控制策略以及定期的安全审计等措施。在处理涉及个人隐私的数据时，必须严格遵守相关法律法规和道德准则，确保个人隐私不被侵犯。五是数据备份和恢复能力。制定合理的数据备份策略，定期将数据备份到安全可靠的存储介质上，以防止数据丢失或损坏。在数据丢失或损坏的情况下，应该具备快速恢复数据的能力，以确保业务的连续性和稳定性。六是数据质量和监控。通过实施数据质量管理流程，确保数据的准确性、完整性、时效性和一致性等质量指标达到预定标准。建立完善的监控和警报系统，及时发现数据的异常和故障，并采取相应的措施进行处理，以减少系统的停机时间。七是技术架构和基础设施。采用冗余的服务器、存储设备和网络设施，减少硬件故障对数据可用性的影响。通过负载均衡技术，将数据访问请求分散到多个服务器上，避免单点故障和过载情况的发生。八是合规性和法律要求。确保数据处理和存储过程符合相关法律法规和行业标准的要求，避免法律风险和合规性问题。在处理涉及个人隐私、商业秘密等敏感数据时，必须严格遵守相关法律法规的规定，确保数据的合法使用和处理。

3. 数据可用性的评价指标

评估数据够用性可以参考以下几个指标：第一，参考数据可获取性。确保数据的访问权限管理合理，授权用户能够及时获取所需数据。数据存储在合理的位置，可以通过多种渠道方便地访问。第二，参考数据可靠性。数据在传输和存储过程中没有丢失或损坏。数据有定期备份，并具备有效的恢复机制。第三，参考系统响应时间。数据访问和查询的响应时间满足业务需求，不会导致业务中断。系统能处理多个用户同时访问和操作数据，性能稳定。第四，参考用户友好性。提供用户友好的界面和工具，使用户能够方便地查询和操作数据。提供详细的使用手册、帮助文档以及技术支持，解决用户问题。第五，参考系统稳定性和可持续性。系统应保持高可用性，最小化停机时间。系统易于维护和升级，能够持续支持数据访问需求。

4. 数据够用性的应用

数据可用性在各个领域都有广泛的应用，包括企业决策与运营、市场营销、医疗健康、金融服务、物联网和公共安全与应急响应六个场景。

一是企业决策与运营场景。数据可用性为企业决策提供了基础。当数据易于访问和使用时，决策者能够及时获取准确的数据，从而做出更明智的决策，提高业务的效率和竞争力。通过实时可用的数据，企业可以更好地监控运营状况，及时发现和解决问题，优化生产计划和物流运输，提高效率和降低成本。

二是市场营销场景。企业可以利用大数据来分析客户行为，了解客户需求和偏好，从而提供个性化的产品和服务，增强客户满意度和忠诚度。通过分析历史销售数据、消费者行为数据等，企业可以预测市场趋势，制定更有效的营销策略。

三是医疗健康场景。医疗专业人员可以通过快速获取和分析患者的医疗数据，做出更准确的诊断和治疗决策，提高医疗服务质量。基于大数据的药物研发可以加速新药的发现和开发过程，提高研发效率和质量。

四是金融服务场景。金融机构可以利用实时可用的数据来评估信贷风险、市场风险等，制定更有效的风险管理策略。通过实时可用的数据，金融机构可以更好地了解客户需求，提供更个性化的金融产品和服务。

五是物联网场景。物联网系统需要将大量的传感器、设备、应用程序等连接在一起，通过数据交互实现智能化的运行和管理。数据可用性对物联网系统的效率和准确性至关重要。物联网系统需要处理大量的敏感数据，如位置数据、健康数据等。数据可用性要求确保这些数据的安全和隐私保护，避免泄露和滥用。

六是公共安全与应急响应场景。通过实时可用的数据，公共安全机构可以更好地监测和预警突发事件，如自然灾害、犯罪活动等。在突发事件发生时，实时可用的数据可以帮助应急响应人员更快地找到受影响区域和人员，优化救援资源和行动。

四、如何保证数据的使用性

数据的使用性涵盖了数据的有用性、够用性和可用性。

1. 保证数据的有用性

保证数据的有用性是一个综合性的任务，需要从数据的收集到应用的各个环节进行精细管理。这包括明确数据目标以确保数据与业务或研究问题紧密相关，维护数据质量以保证准确性、完整性和一致性，收集多样化的数据类型以全面理解问题，确保数据的时效性和可访问性以反映当前情况和趋势，同时加强数据安全性和合规性保护。此外，还需要运用适当的数据分析工具和方法提取有价值的信息，并持续监控与改进数据管理和分析策略，同时提升员工的数据管理和分析技能，以及组织内部对数据重要性和有用性的认识。这些综合措施可以确保数据在业务决策、研究分析和其他应用中发挥最大价值。

2. 保证数据的够用性

保证数据的够用性，关键在于确保所收集的数据量、类型及质量均能满足既定的分析、决策或应用需求。因此，在数据收集阶段就应当明确目标，确保数据覆盖全面且具有代表性；在数据处理过程中，注重清洗与整合，以消除冗余和错误，提升数据的有效利用率；同时，还需持续监控数据状态，根据实际情况灵活调整数据收集策略，确保数据供应能够及时响应需求变化。通过这些措施，我们可以确保数据资源既不过度冗余，也不缺失关键信息，从而满足各类数据使用场景的需求。

3. 保证数据的可用性

采用统一的数据格式和标准，便于数据的存储、处理和共享，提高数据的可用性，提供便捷的数据访问接口和工具，使用户能够轻松获取和使用所需的数据。同时，确保数据在存储、处理和传输过程中的安全性和隐私保护，防止数据被泄露和滥用，提高数据的可用性，定期备份数据，并建立有效的数据恢复机制，以应对数据丢失或损坏的风险，确保数据的持续可用性。实施数据监控和报警系统，及时发现并解决数据异常和故障，确保数据的稳定性和可靠性。

第三节　数据质量评估

高质量的数据是决策制定、战略规划和业务运营的基础，实施数据质量评估具有必要性，可以提升决策质量、提升数据资产价值、改进数据管理和治理等。

一、数据质量的评估维度

数据质量评估是对数据进行科学的分析和评价的过程，以确定数据是否满足生产、业务流程、应用的质量要求，是否能够实现预期用途。数据是否好用与数据质量高低有关，也直接影响数据价值的大小。高质量的数据才能保证数据价值的挖掘和创造。

数据质量高低的衡量标准有很多，主要使用的质量评估维度有以下四个。

1. 数据的准确性

数据的准确性是指数据与其所描述或反映的实际情况之间的一致程度。它是数据质量的核心要素，直接关系到数据分析、决策以及业务应用的效果和可靠性。准确的数据能够为企业提供可靠的决策依据，帮助识别市场趋势，优化运营流程，提升客户满意度。反之，不准确的数据则可能导致误导性的分析结论，进而引发错误的决策，给企业带来不必要的风险和损失。

保证数据的准确性需要从多个维度入手。首先，在数据收集阶段，要确保数据来源的可靠性，避免从不可靠或存在偏差的源头获取数据。其次，在数据处理过程中，要实施严格的数据清洗和校验机制，及时发现并修正数据中的错误和异常值。再次，还需要建立数据质量监控体系，定期对数据进行质量评估，确保数据的准确性和一致性。最后，加强员工的数据质量意识培训，提高全员对数据准确性的重视程度，也是保证数据准确性不可或缺的一环。这些措施的综合应用可以有效提升数据的准确性，为企业的决策和业务发展提供有力支持。

2. 数据的一致性

数据的一致性是指在一个数据集合中，所有相关数据元素之间在逻辑上保持协调、不矛盾的状态。它确保了数据在跨系统、跨平台或跨时间点的传递和使用过程中，能够保持其原有的含义和准确性，不会因格式、单位或定义的不同而产生歧义或错误。数据的一致性对于维护数据的完整性、提高数据分析的可靠性以及支持准确的业务决策具有重要意义。

保证数据的准确性需要从数据管理的各个环节入手。首先，在数据收集阶段，要明确数据收集的目的和范围，确保所收集的数据与业务需求紧密相关，并且来源可靠。其次，在数据处理过程中，要实施严格的数据清洗和校验机制，包括去除重复数据、修正错误数据、填补缺失数据等，以确保数据的准确性和完整性。再次，还需要建立数据质量监控体系，定期对数据进行质量评估，及时发现并解决数据质量问题。最后，加强员工的数据质量意识培训，提高全员对数据准确性的重视程度，也是保证数据准确性不可或缺的一环。这些措施的综合应用可以有效提升数据的准确性，为企业的决策和业务发展提供有力支持。

3. 数据的可访问性

数据的可访问性是指用户或系统能够方便、快捷地获取和使用所需数据的能力。它是数据价值得以充分发挥的前提，对于促进信息共享、提高决策效率、推动业务创新具有重要意义。良好的数据可访问性能够确保数据在需要时能够被及时、准确地找到，从而支持各种数据分析和应用需求。

保证数据可访问性需要从多个方面入手。首先，要建立统一的数据管理平台，实现数据的集中存储和管理，方便用户通过统一的接口或工具进行数据访问。其次，要优化数据查询和检索机制，提高数据访问的效率和准确性。这可以通过建立索引、优化查询语句、提供数据可视化等方式实现。再次，还需要加强数据权限管理和安全保护，确保数据在访问过程中不被非法获取或篡改。最后，要定期对数据进行备份和恢复，以防止数据丢失或损坏。这些措施的综合应用可以有效提升数据的可访问性，为企业的数据分析和应用提供有力支持。

4. 数据的时效性

数据的时效性是指数据在特定时间内的有效性和应用价值。它强调了数据与时间因素的紧密关联，即数据在产生、传输、处理和使用的整个生命周期中，必须保持与当前时间点的相关性，以确保其能够准确反映现实世界的状态或趋势。数据的时效性对于决策制定、业务运营、市场竞争等方面都具有至关重要的影响，是评估数据质量的重要指标之一。

保证数据时效性需要从数据采集、处理、存储和应用等多个环节着手。首先，在数据采集阶段，应确保数据的实时获取，减少延迟，以便及时反映最新的情况。其次，在数据处理过程中，应采用高效的技术和方法，缩短数据处理周期，提高数据处理的时效性。再次，建立合理的数据存储和更新机制，确保数据的及时更新和替换，避免使用过时的数据。最后，还需加强数据监控和预警系统，及时发现并处理数据时效性问题，确保数据在关键时刻能够发挥应有的作用。这些措施的综合实施可以有效提升数据的时效性，为企业的决策和运营提供及时、准确的信息支持。

二、数据质量的影响因素

数据资产质量管理是对支持业务需求的数据进行全面质量管理，通过数据质量相关理办法、组织，流程、评价考核规则的制定，及时发现并解决数据质量问题，提升数据的完性、及时性、准确性及一致性，提升业务价值。

影响数据资产质量的因素主要包括以下四个方面。

1. 信息方面

由信息方面引起的数据质量问题主要有元数据描述及理解错误、数据度量的各种性质得不到保证，以及变化频度不恰当等。信息方面的因素对数据资产质量具有深远的影响。元数据作为描述数据属性和结构的关键信息，其描述的准确性及理解的一致性直接关系到数据被正确使用的程度。若元数据描述存在错误或理解发生偏差，将直接导致数据解读和应用上的失误。此外，数据度量的准确性、完整性、时效性等性质得不到有效保证，会削弱数据的可信度和使用价值。变化频度的不恰当，如数据更新过于频繁或滞后，也可能引发数据不一致和过时的问题，进而影响数据资产的整体质量。

2. 技术方面

技术环节是数据资产质量保障的重要一环。数据处理过程中的任何技术异常都可能引发数据质量问题。从数据的创建、获取、传输、装载到使用和维护，每一个环节都需要精密的技术支撑和严格的监控。技术故障、算法错误、系统漏洞或配置不当等问题，都可能导致数据丢失、错误、重复或不一致，从而损害数据资产的准确性和可靠性。因此，加强技术环节的监控和优化，是提升数据资产质量的关键。

3. 流程方面

流程方面的数据质量问题是指由于系统作业流程和人工操作流程设置不当造成的数据质量问题，主要来源于系统数据的创建流程、传递流程、装载流程、使用流程、维护流程和稽核流程等各环节。系统作业流程和人工操作流程的合理性直接影响到数据的流转和处理效率。在数据的创建、传递、装载、使用、维护和稽核等各个环节中，若流程设置不当或执行不严格，将极易引发数据错误、遗漏或冲突。例如，流程中的某个环节出现延误或错误，可能导致后续环节的数据处理是基于错误的前提进行的，进而产生连锁反应，影响整个数据资产的质量。

4. 管理方面

管理方面的因素对数据资产质量同样具有不可忽视的影响。人员素质的高低、管理机制的有效性以及培训奖惩措施的合理性，都直接关系到数据管理的质量和效率。若人员培训不足、管理不善或奖惩措施不当，可能导致员工对数据管理的重视程度不够，进而出现数据录入错误、处理不及时或数据泄露等问题。这些问题不仅损害了数据资产的完整性和安全性，也降低了数据的可信度和使用价值。因此，加强人员管理、完善管理机制和提高培训奖惩措施的有效性，是提升数据资产质量的重要保障。

三、数据质量对数据资产评估的影响

数据质量对数据资产评估具有显著影响，主要体现在数据资产评估的准确性、数据资产的市场价值、数据资产的应用效果和数据资产的法律合规性四个方面。

1. 影响数据资产评估的准确性

数据质量的核心要素包括准确性、完整性、一致性和时效性。其中，准确性是评估数据价值的基础。如果数据存在错误或偏差，那么基于这些数据的评估结果也将失去意义。数据质量评估通常围绕规范性、完整性、准确性、一致性、时效性、可访问性等维度进行。通过数据质量分数、数据转换错误率、数据缺失率等量化指标，可以更直观地了解数据质量状况，从而为数据资产评估提供有力支持。

2. 影响数据资产的市场价值

当某类数据资产的市场需求旺盛时，其市场价值往往更高。而数据质量作为影响数据应用效果的关键因素，直接关系到数据资产的市场接受度和需求程度。高质量的数据能够更准确地反映市场需求和趋势，从而为企业创造更大的商业价值。在数据交易市场中，数据的质量往往直接决定其交易价格。例如，在地下数据交易市场中，信息的完整性和准确度是决定数据价格的重要因素。同样，在企业间的数据交易和合作中，数据质量也是谈判和定价的重要考量因素。

3. 影响数据资产的应用效果

高质量的数据能够为企业提供更准确、更可靠的决策支持。相反，低质量的数据可能导致企业做出错误的决策，从而带来不必要的损失。因此，在数据资产评估中，必须充分考虑数据质量对数据应用效果的影响。通过数据质量评估，企业可以识别出那些对业务增长有着决定性影响的数据资产，并优化与之相关的业务流程。例如，通过提高客户数据的准确性和完整性，企业可以更好地了解客户需求和行为模式，从而优化营销策略和客户服务流程。

4. 影响数据资产的法律合规性

随着数据隐私保护法规的不断加强，企业对数据质量的管理要求也越来越高。数据质量不仅关系到企业的商业价值，还涉及法律合规性问题。如果数据存在质量问题，如泄露、滥用或侵犯个人隐私等，企业可能面临法律风险和罚款。为了遵守相关法规要求并降低法律风险，企业需要加强数据质量管理，确保数据的准确性、完整性和保密性。这包括建立完善的数据治理体系、加强员工数据质量意识培训、采用先进的数据加密和匿名化技术等措施。

四、如何保证数据质量

保证数据质量需要从多个方面入手，包括数据清洗与验证、数据采集与整合、数据存储与备份、数据管理制度与规范、数据质量管理角色与职责等。这些措施的综合应用可以有效地提高数据质量，为企业运营和决策提供有力支持。

1. 数据清洗与验证

数据清洗与验证是确保数据资产质量的基础步骤。为保持数据的准确性，必须定期进行数据清洗，这包括去除系统中的重复数据记录，纠正格式不规范或不一致的数据，以及剔除那些含有错误信息、无效或过时的数据。这些措施对于防止虚假和错误的数据对企业决策产生误导至关重要。同时，数据的验证过程也是必不可少的，它通过对数据进行比对、校验和审核，确保数据的准确性和一致性，从而提升数据的整体可信度。为了提高数据清洗与验证的效率，企业可以利用自动化工具或先进的算法来辅助完成这些烦琐而重要的任务，确保数据的实时性和准确性。

2. 数据采集与整合

在数据采集阶段，企业应严格控制数据来源，确保只有经过授权的系统才能进行数据采集，从而减少人为手动输入可能带来的错误和风险。同时，建立明确的数据采集标准和流程是至关重要的，这包括明确数据采集的范围、内容、方式和频率等，以确保数据采集的规范化和标准化。对于来自不同来源的数据，企业需要确保它们能够无缝对接和整合，这要求处理过程中保持数据格式的一致性和语义的一致性，从而实现数据的统一管理和有效利用。

3. 数据存储与备份

数据存储和备份是保障数据资产安全的核心环节。企业应建立完善的数据存储机制，考虑数据容量、性能、安全性和可扩展性等多方面因素，确保数据的长期保存和高效访问。同时，制定合理的数据备份策略也是必不可少的，这包括确定备份的频率、备份数据的存储位置、备份数据的恢复方式等，以确保在数据丢失或破坏时能够及时恢复。此外，针对常见的数据存储故障和安全威胁，企业还应制订有效的应急响应计划，以便在紧急情况下迅速应对，确保数据资产的安全和稳定。

4. 数据管理制度与规范

为确保数据资产的高质量，企业必须制定全面的数据管理制度和规范。包括数据采集、存储、处理、分析、共享、备份和恢复等各方面的管理规定，以确保数据在整个生命周期内都得到妥善管理和保护。同时，建立明确的数据质量标准和评估体系也是至关重要的，这有助于衡量数据的准确性、完整性、一致性、时效性、唯一性和可访问性等关键指标，从而及时发现和解决数据质量问题。参考业界评估标准，企业还应定期进行数据自查评估和质量考核，以确保数据资产始终保持在高水平。

5. 数据质量管理角色与职责

在数据治理模型中，明确数据管理角色和职责是确保数据质量的关键。企业应设立专门的数据治理管控委员会，负责制定数据质量策略和监督数据质量管理工作的执行。同时，设立数据质量管理岗，负责具体的数据质量监控、分析和改进工作。此外，业务部门成员和科技部开发中心等也应承担相应的数据质量管理职责，确保数据在各个环节都得到妥善处理和保护。通过建立问责制，企业可以确保数据管理的各个环节都有明确的责任人，从而实现数据质量问题的可追溯性和及时解决。

第四节　数据价值确认

数据价值确认是指评估和识别数据对业务和决策的实际价值。这一过程可以帮助企业理解哪些数据对于业务最有价值，以便优化资源配置、提升运营效率和支持战略决策。

一、数据价值的体现

数据资产化的研究和实践受到广泛关注，其中一个重要原因是数据中蕴含着价值。从数据的使用角度来看，数据资产价值主要体现在数据是否有用、数据是否够用、数据是否可用、数据是否好用等方面。

1. 数据是否有用

数据是否有用具有以下三层含义。

第一，数据自身是否具有价值。数据作为信息的载体，其自身的价值首先体现在它是否能真实、准确地描述现实世界的事物。一个数据集，如果其内容空洞、无关紧要或者无法反映任何实际现象，那么它就无法为决策提供支持，也无法在分析和挖掘中产生有意义的洞见。因此，判断数据是否有用，首要的标准就是评估数据自身是否蕴含了有价值的信息，是否能够作为我们理解和改造世界的依据。只有那些能够揭示事物本质、反映事物变化规律的数据，才具备被进一步利用和开发的潜力。

第二，数据是否满足用户需求。在确认数据自身具有价值之后，下一步就是判断这些数据是否能够满足特定用户的需求。数据的价值是相对的，它取决于用户的背景、目标和应用场景。一个数据集，即使其内容丰富、信息准确，但如果与用户的实际需求脱节，无法为用户提供所需的洞见或支持用户的决策，那么对于这位用户而言，这些数据就是无用的。因此，数据的有用性必须与用户的需求紧密结合起来考虑，只有那些能够直接或间接满足用户需求、为用户带来实际价值的数据，才能被认为是真正有用的数据。

第三，数据价值实现的可能性。即使数据自身具有价值且满足用户需求，我们还需要考虑其价值实现的可能性。这包括数据的可获取性、可处理性、可解释性以及价值实现的成本效益比等多个方面。如果数据的获取和处理难度极大，需要投入大量的人力、物力和财力，或者数据的解释和应用受到诸多限制，导致其价值无法被有效挖掘和利用，那么这些数据在实际上也是无用的。因此，在评估数据的有用性时，我们必须综合考虑各种因素，确保数据的价值能够在可接受的成本和时间内得以实现。

2. 数据是否够用

若有用的数据不够用，则会影响数据价值实现。关于数据是否够用，可以分为以下三种情况。

第一，数据不够用。在数据驱动的决策和分析中，数据是否够用直接关系到数据价值的实现程度。当某个数据集不能满足某一特定应用需求，无法为决策者提供足够的信息支持，或者不能实现预设的期望目标时，我们就说这个数据集是不够用的。数据不够用可能表现为数据量不足、数据维度缺失、数据质量不高或者数据时效性不强等多个方面。在这种情况下，决策者可能需要寻找更多的数据源，或者通过数据增强、数据融合等技术手段来丰富数据集，以确保数据的全面性和准确性，从而满足应用需求，实现数据价值的最大化。

第二，数据够用。与数据不够用相反，当数据集能够满足应用需求，为决策者提供足够的信息支持，并且能够达到预设的期望目标时，我们就说这个数据集是够用的。数据够用意味着数据量适中、数据维度完整、数据质量可靠以及数据时效性符合要求，能够支持决策者进行准确的分析和判断。在这种情况下，决策者可以充分利用数据集的信息，挖掘数据背后的规律和趋势，为制定科学的决策提供依据。同时，数据够用也避免了数据的浪费和冗余，提高了数据利用的效率。

第三，数据超出够用。当数据集超出了决策问题所需的数据量时，就会带来浪费。数据超出够用可能表现为数据量过大、数据维度过多或者数据冗余度高等问题。这不仅会增加数据存储和处理的成本，还可能干扰决策者的判断，降低决策效率。因此，在数据收集和处理过程中，需要合理控制数据量，确保数据的精炼和有效。同时，通过数据清洗、数据压缩等技术手段，可以减少数据的冗余和噪声，提高数据的质量和价值。此外，对于超出够用的数据，也可以考虑进行二次利用或者共享给其他需要的数据使用者，以实现数据的最大化利用。

3. 数据是否可用

数据是否可用主要指数据能否被使用，有以下两层含义。

第一，数据是否被允许使用。数据是否可用，首先需明确的是数据是否被允许使用。这一层面主要触及数据的权属、隐私保护以及伦理道德的考量。在数据权属方面，任何数据的使用都需建立在合法合规的基础上，未经授权擅自使用他人数据，不仅违反了知识产权法规，也可能引发法律纠纷。同时，随着数据保护意识的增强，个人隐私数据的保护变得尤为重要。在数据处理和利用过程中，必须严格遵守相关法律法规，确保不侵犯个人隐私权。再次，伦理道德也是数据使用不可忽视的一环。数据的收集、处理和应用应遵循社会公认的道德规范，避免数据滥用带来的不良后果。因此，数据是否被允许使用，是评估数据可用性的首要前提。

第二，数据能否被访问使用。数据能否被访问使用还受到技术层面的限制。这主要体现在数据的可访问性、可读性和可编程性上。在网络空间中，如果数据无法被有效访问，那么这些数据就如同虚设，无法发挥其应有的价值。同时，数据的可读性也是关键。机器无法识别或解析的数据，即使再丰富，也难以被有效利用。此外，随着大数据和人工智能技术的发展，数据的可编程性变得越来越重要。只有具备可编程性的数据，才能更好地与算法和模型结合，发挥出数据的最大效用。因此，技术层面的限制也是评估数据可用性的重要考量因素。

4. 数据是否好用

可用的数据是否好用决定了数据价值的高低。数据是否好用的问题与数据质量有关主要表现在以下两个方面。

第一，数据使用过程。数据是否好用，在很大程度上决定了数据价值的高低，而这一过程主要体现在数据的使用便捷性上。当我们在使用数据时，如果数据能够被轻松地访问、高效地读取，并且能够与各种编程环境和工具无缝对接，那么这样的数据无疑是好用的。这意味着，用户无须花费大量时间和精力在数据的预处理和格式转换上，而是可以直接投入数据的分析和挖掘中。此外，好用的数据还应当能够很好地与现有的技术栈相结合，使得用户能够利用成熟的技术手段对数据进行深入的分析和挖掘，从而更快地获得有价值的信息和洞见。因此，数据使用过程中的便捷性和高效性，是评估数据好用性的重要指标。

第二，数据使用效果。数据使用效果也是评估数据好用性的关键因素。当数据被应用到某个具体场景中时，如果它能够很好地满足应用需求，达到甚至超越预设的期望，那么这样的数据无疑是好用的。这意味着数据不仅具备了基本的准确性和完整性，还能够在特定的应用环境下发挥出最大的价值。好用的数据应当能够帮助用户更快地发现问题、解决问题，甚至预测未来的趋势，从而为用户的决策提供有力的支持。因此，数据使用效果的好坏，直接反映了数据的好用性程度，也是评估数据价值高低的重要依据。

二、数据价值的影响因素

数据价值确认指对数据的价值进行可靠测算，并给出相应值。数据价值确认是出于数据交易和流通的需要，更是数据资产化的要求。数据价值确认可以采用数据资产价值评估方式。

影响数据价值的因素有很多，主要包括以下三个因素。

1. 数据的完整性

数据的完整性是评估数据价值的重要维度之一，它关乎数据描述反映事物全貌的程度。一个数据集如果包含了关于某一事物的全面、详尽的信息，那么其完整性就高，这意味着该数据集能够更准确地揭示事物的本质和规律，为决策者提供更为可靠和有力的支持。积累的数据越多、越完备，数据的完整性就越高，其潜在的价值也就越大。因为完整的数据集能够提供更全面的视角，帮助人们更深入地认识和理解事物，从而发掘和创造更多的价值。因此，在数据价值确认的过程中，数据的完整性是一个不可忽视的重要因素。

2. 数据的稀缺性

稀缺性主要体现在其他机构或组织拥有相同或相近数据资源的可能性上。如果某种数据资源在市场上较为罕见，那么其商业价值潜力往往较大，可能带来的利益也更多。数据的稀缺性可能源于多种原因，比如生产和存储的成本高昂，或者数据资源本身具有独特性。这些稀缺的数据资源往往能够成为企业在市场竞争中的独特优势，因此，在评估数据价值时，必须充分考虑数据的稀缺性因素。

3. 数据的需求性

数据的需求性是指数据在市场上的潜在需求程度，它直接反映了数据对于用户的吸引力和商业价值。当数据的市场需求越高，用户的支付意愿越强时，数据的商业价值潜力也就越大。市场需求是数据生产和开发的重要驱动力，它能够引导数据生产者根据市场需求进行数据资源的生产和开发，从而满足用户的多样化需求。同时，市场需求也对数据资源的流动和分配起到一定的作用，影响着数据的价值实现。因此，在评估数据价值时，必须充分考虑数据的需求性因素，以便更准确地把握数据的商业价值和市场潜力。

三、如何保证数据价值

保证数据价值是一个持续的过程，涉及多个方面的工作和策略，包括数据采集、存储、处理、分析和管理。

确保数据的高价值的途径和方法包括以下四个方面。

1. 数据治理和管理

数据治理和管理是确保数据高价值的基石。通过制定和实施全面的数据治理政策，企业能够明确数据管理的标准、责任和流程，从而确保数据在生成、存储、分析、归档到删除的整个生命周期中都能保持高价值。这一政策的实施不仅有助于提升数据的质量，还能提高数据的可利用性和可追溯性。同时，通过管理和优化元数据，企业能够更轻松地发现和利用数据，进一步提升数据的价值。数据治理和管理工作的持续开展，能够为企业提供一个清晰、有序的数据环境，为数据的价值创造提供有力支持。

2. 先进的数据处理和分析技术

先进的数据处理和分析技术是挖掘数据潜在价值的关键。随着大数据时代的到来，传统的数据处理方法已经无法满足企业的需求。因此，采用先进的大数据处理和分析工具，如分布式计算框架、数据挖掘算法等，成为企业提升数据价值的重要途径。这些工具能够支持对大规模数据的快速分析和处理，帮助企业从海量数据中挖掘出有价值的信息。此外，通过应用机器学习和人工智能技术，企业能够更深入地挖掘数据中的隐藏模式和潜在价值，为决策提供更精准的支持。实时流处理技术的使用则能确保数据在生成瞬间就被处理和分析，从而提升企业的实时决策能力。

3. 数据保护和安全

数据保护和安全是确保数据价值不可或缺的一环。随着数据泄露和安全问题的日益严峻，企业必须高度重视数据的保护和安全工作。通过对敏感数据进行加密处理，企业能够确保数据在传输和存储过程中的安全性，防止数据被非法获取和利用。同时，通过定期进行安全审计和漏洞扫描，企业能够及时发现和修复潜在的安全隐患，确保数据的安全性和完整性。数据保护和安全工作的有效开展，能够为企业提供一个可信赖的数据环境，为数据的价值创造提供有力保障。

4. 跨部门协作

跨部门协作是提升数据价值的重要途径之一。在企业内部，不同部门之间往往存在着数据孤岛现象，导致数据无法得到有效利用。因此，建立数据共享和协作制度，促进跨部门的数据交流和共享，成为企业提升数据价值的关键。通过跨部门协作，企业能够打破数据孤岛，实现数据的整合和共享，从而提高数据的利用效率和价值。同时，跨部门协作还能够促进企业内部知识的共享和传播，为企业的创新和发展提供有力支持。

第五节 深圳微言科技数据资产评价系统应用案例

一、公司背景

深圳微言科技是一家人工智能基础设施提供商，主要基于隐私计算技术，为政府、金融机构及企业提供数字化变革服务。在数据资产管理和价值实现方面，微言科技有着丰富的实践经验和创新探索。

二、数据资产评价系统应用

1. 数据真实性评估

微言科技通过建立严格的数据采集、清洗和校验流程，确保数据的真实性。同时，利用区块链等不可篡改的技术手段，对数据进行加密和存证，提高了数据的可信度和可追溯性。通过这些措施，微言科技有效避免了数据造假和篡改的风险，为数据资产的价值实现提供了坚实的基础。

2. 数据使用性评估

微言科技对数据资产进行了详细的分类和标签化管理，根据数据的时效性、可访问性、格式兼容性等因素，评估数据的使用价值。同时，通过构建数据资产目录和数据服务平台，提高数据的易用性和可访问性。这些措施使得微言科技的数据资产能够更加便捷地被内部和外部用户所使用，提高了数据的利用率和价值。

3. 数据质量评估

微言科技采用了多种数据质量评估指标和方法，如完整性、准确性、一致性、时效性等，对数据资产进行了全面评估。同时，建立了数据质量监控和预警机制，及时发现并处理数据质量问题。通过持续的数据质量监控和优化，微言科技的数据资产质量得到了显著提升，为公司的业务决策和数据分析提供了更加准确和可靠的数据支持。

4. 数据价值评估

微言科技结合数据资产的使用频率、对决策的影响程度、潜在的经济价值等因素，对数据资产进行了价值评估。同时，利用数据资产交易平台和市场机制，实现数据资产的价值变现和流通。通过数据价值评估和市场机制的作用，微言科技成功实现了数据资产的价值最大化，为公司的业务发展和盈利增长提供了新的动力。

三、运用效果

综上所述，微言科技在数据资产评价系统方面取得了显著的成效。通过严格的数据真实性评估、使用性评估、质量评估和价值评估，微言科技不仅提高了数据资产的整体质量和价值，还实现了数据资产的价值变现和流通。这些措施为微言科技在数字化转型和业务发展方面提供了有力支持。

四、案例亮点

微言科技在数据资产评价系统方面的应用具有创新性，采用了多种先进的技术手段和方法，提高了数据资产管理和价值实现的效率。该案例具有较强的可实践性，微言科技通过实际的数据资产管理和价值实现过程，展示了数据资产评价系统在实际应用中的效果和优势。该案例为其他企业在数据资产管理和价值实现方面提供了有益的借鉴和参考。

> ✎ **小贴士**
>
> **贵州首个实现企业数据资产入表的实践案例——贵州勘设生态环境科技有限公司"污水厂仿真 AI 模型运行数据集／供水厂仿真 AI 模型运行数据集"**
>
> 贵州勘设生态环境科技有限公司成立于 2011 年，是一家致力于为数字环保、数字模型、数字设计、能耗管理、智慧仿真环保模型应用，为环保数据提供场景化、产品化和落地化提供专业服务的高科技公司。2024 年 3 月，在贵阳大数据交易所助力下，贵州勘设生态环境科技有限公司实现了"污水厂仿真 AI 模型运行数据集／供水厂仿真 AI 模型运行数据集"作为数据资产入表，成为贵州首单数据资产入表案例。
>
> 在项目实施过程中，贵阳大数据交易所联合北京智慧财富集团

开展系列企业调研后，制订了环保数据多维价值解决方案。通过对贵州勘设生态环境科技有限公司数据资源进行收集、校核、清洗、筛选、大模型数据驯化等多个维度的治理，形成高质量的数据资源，对符合资产定义的数据资源相关环节进行成本归集分析，最终确定为可入表的数据资源。此外，有关部门还组织法律、技术、安全、行业应用等领域的专家对该公司数据资源进行论证评估，在确认了交易主体准入资质、数据用途合法性及使用限制合规性后，该公司上市挂牌至贵阳大数据交易所。此次数据资产入表，对提高贵州勘设生态环境科技有限公司数据管理水平、提高数据资产利用效率、实现企业利益最大化等具有重要意义。

第七章

数据资产评估方法

▶▶▶

在现代经济中数据作为一种新型资产，其重要性日益凸显。然而，如何有效评估数据资产的价值成了一个复杂且具有挑战性的问题。本章旨在探讨和评价几种常用的数据资产估值方法，包括成本法、市场法、收益法以及其他方法。

第一节　成本法

数据资产价值评估的成本法指的是将重置该项数据资产所发生的成本作为评估这项数据资产价值的基础，并进行一定的调整后确定数据资产价值的评估方法。成本法适用于企业内部的自我评估或者第三方监管机构的评估，一般用于评估非交易性质的数据资产。

一、适用条件

1. 被评估资产处于继续使用状态或被假定处于继续使用状态

这一条件强调的是资产评估的情境设定。在实际评估过程中，假定被评估资产将继续被使用，而不是处于闲置或废弃状态。这一设定对于评估资产的价值至关重要，因为资产的用途、磨损情况、维护状况等因素都会直接影响到其价值。如果被评估资产已经停止使用或即将被废弃，那么其评估价值可能会大打折扣。因此，在评估时，评估人员需要考虑资产在当前或未来继续使用状态下的预期收益、使用寿命等因素，以得出更为准确的评估结果。

2. 被评估资产应当具有可利用的历史资料

这一条件强调了历史资料在资产评估中的重要性。历史资料包括资产的购置成本、使用时间、维护记录、维修费用等，这些资料能够为评估人员提供关于资产状况的详细信息，有助于更准确地评估资产的价值。如果缺乏这些历史资料，则可能无法全面了解资产的实际情况，从而导致评估结果的不准确。因此，在进行资产评估前，评估人员需要尽可能收集和利用相关的历史资料，以确保评估结果的准确性和可靠性。

3. 被评估资产必须是可再生的、可复制的或可购买的

这一条件关注的是资产的替代性和可获取性。如果资产是可再生的、可复制的或可购买的，那么在评估其价值时就能参考类似数据资产的价格或成本。这种替代性和可获取性有助于数据评估人员确定资产的合理价值范围，并减少评估过程中的主观性和不确定性。然而，对于独特或稀缺的资产，由于其无法被轻易替代或购买，则需要采用更为复杂的评估方法来确定其价值。

4. 被评估对象的价值随着时间的推移会发生一定的贬值

这一条件揭示了资产价值的动态性。随着时间的推移，由于技术进步、市场需求变化、资产磨损等原因，资产的价值可能会贬值。这种贬值可能是物理性的、功能性的或经济性的。因此，在进行资产评估时，需要考虑资产的折旧率、使用寿命等因素，以反映其价值的动态变化。同时，还需要关注市场趋势和行业发展动态，以便及时调整评估方法和参数，确保评估结果的时效性和准确性。

二、计算公式

对于成本法，数据资产的价值由该资产的重置成本扣减各项贬值决定。

1. 基本计算公式

评估值 = 重置成本 ×（1–贬值率）或者评估值 = 重置成本–功能性贬值–经济性贬值

使用成本法执行数据资产评估业务时，首先要根据数据资产形成的全部投入，分析数据资产价值与成本的相关程度，考虑成本法的适用性。然后要确定数据资产的重置成本。数据资产的重置成本包括合理的成本、利润和相关税费。合理的成本则包括直接成本和间接费用。

2. 数据获取流程

在成本法中，数据资产的取得成本需要根据创建数据资产生命的流程特点，分阶段进行统计。尽管数据资产的存储、分析、挖掘技术复杂

多变，但目前普遍使用的流程可以概括为四步——数据采集、数据导入和预处理、数据统计和分析、数据挖掘。其中，数据采集属于数据资产获取阶段，后三个步骤属于数据资产研发阶段。数字获取可能是主动获取，也可能是被动获取。从企业角度看，被动获取的数据如果要形成数据资产，还需要企业自身进行大量资源数据的清洗、研发和深挖掘，在数据获取阶段企业付出的成本较小，因此在获取阶段，可以只考虑发生的数据存储等费用，成本重心落在数据资产研发阶段。研发阶段发生的成本通常包括设备折旧、研发人员工资等费用。采用成本法进行数据资产评估时，需要合理确定贬值。数据资产贬值主要包括：功能性贬值和经济性贬值。

3. 模型表达式

在传统无形资产成本法的基础上，可以综合考虑数据资产的成本与预期使用溢价，加入数据资产价值影响因素对资产价值进行修正，建立一种数据资产价值评估成本法模型。成本法模型的表达式为：

$$P=TC \times （1+R） \times U$$

其中：

P——评估值

TC——数据资产总成本

R——数据资产成本投资回报率

U——数据效用

数据资产总成本 TC 表示数据资产从产生到评估基准日所发生的总成本。数据资产总成本可以通过系统开发委托合同和实际支出进行计算，主要包括建设成本、运维成本和管理成本三类，并且不同的数据资产所包含的建设费用和运维费用的比例是不同的。因此，每一个评估项对数据资产价值产生多大的影响，必须给出一个比较合理的权重。其中建设成本是指数据规划、采集获取、数据确认、数据描述等方面的内容；运维成本包含着数据存储、数据整合、知识发现等评价指标；管理成本主要由人力成本、间接成本以及服务外包成本构成。

数据效用 U 是影响数据价值实现因素的集合，用于修正数据资产成

本投资回报率 R。数据质量、数据基数、数据流通以及数据价值实现风险均会对数据效用 U 产生影响。

$$U = \alpha\beta(1+l)(1-r)$$

其中：

α——数据质量系数

β——数据流通系数

l——数据垄断系数

r——数据价值实现风险系数

三、目前存在的缺点

1. 难以确定重置成本

数据资产具有独特性和多样性，不同的数据资产在内容、质量、用途等方面存在很大差异。这使得确定其重置成本变得困难，因为很难找到完全相同或类似的数据资产作为参考。数据资产所依托的技术环境不断变化，技术更新换代速度快。这意味着数据资产的重置成本也在不断变化，难以准确预测和确定。

2. 忽视数据资产的收益能力

成本法主要关注数据资产的历史成本和重置成本，而忽视了数据资产的收益能力。数据资产的价值往往与其能够为企业带来的收益密切相关，而不仅仅取决于其成本。成本法不能充分反映市场对数据资产的需求情况。市场需求的变化会直接影响数据资产的价值，但成本法无法考虑这些因素。

第二节　收益法

数据资产价值评估的收益法指的是对此项数据资产可能产生的未来

预期收益进行测算和折现，进而评估这项数据资产价值的评估方法。收益法适用于评估能够合理计量其未来收益、收益风险和受益期限的数据资产。

一、适用条件

1. 产生的现金流必须应用数据资产

虽然增量收益法通过对比使用某些数据资产和不使用该数据资产两种情景下成交额的差异来计算该数据资产产生的收益贡献。但在实际操作上，由于市场情况在不断变化，很难准确测算在其他条件不变的情况下，不使用该数据资产所产生的现金流。

2. 使用期限必须确定

数据资产的使用期限确定之所以成为难点，主要在于其动态性特征。数据资产的价值、内容和形式可能随时间而变化，难以准确预测其生命周期。因此，在评估数据资产时，必须谨慎考虑其使用期限，以确保评估结果的准确性和时效性。

二、计算公式

计算公式：

$$P = \sum_{t=1}^{n} \frac{F_t}{(1+r)^t}$$

其中：

P——评估值

n——预计剩余收益期

F_t——数据资产未来第 t 个收益期的预计收益额

r——折现率

预计收益期的确定需要考虑数据资产相关的法律有效期限、合同有效期限、自身经济寿命年限、更新时间、权利情况等方面，也需要综合考量相关行业的发展趋势和市场变化情况。

预计收益额的估计可以采用直接收益预测、分成收益预测、超额收益预测和增量收益预测等方式。当目标数据资产和其他资产共同作用产生收益时，需要通过分析与之有关的预期变动、收益期限、成本费用、配套资产、现金流量、风险因素等来进行区分。

确认折现率的口径需与预期收益的口径保持一致，通常使用无风险收益率与分线收益率的和来计算。

三、重点关注事项

1. 数据资产的风险衡量

数据资产评估需高度关注潜在的法律与道德风险，特别是因法律法规变动可能导致数据资产价值骤降乃至归零的情况，如比特币等非法区块链货币。评估时应深入剖析相关法律法规，确保数据资产合法合规，规避法律风险，维护评估结果的准确性和可靠性。

2. 数字资产的场景界定

在数据资产价值评估中，明确应用场景是首要前提。只有基于具体场景，才能合理估计数据资产在该场景下的收益贡献，进而通过科学测算方法评估其经济价值。这要求评估人员深入了解数据资产的应用环境和价值实现机制，确保评估结果的准确性和实用性。

3. 数据资产的外部性

数据资产除企业自用外，还可作为商品在市场销售，这一特性导致其价值评估复杂。因其价值不仅限于内部使用，还涉及市场交易潜力，难以准确度量最有价值或全部价值。评估时需综合考虑市场接受度、交易条件等多种因素，以确保评估结果的合理性和准确性。

4. 数据资产的评估与商品定价

数据资产除自用外，亦可市场化交易，此特性增大了其价值评估难度。因其价值不仅源于内部应用，更在于外部市场的接受度与潜力，故难以精准量化其最有价值或整体价值。评估时，需全面考量市场供需、竞争态势等因素，以科学评估其真实价值。

四、目前存在的难点

1. 预期收益预测难度大

数据资产的价值受市场需求、技术发展、行业竞争等多种因素影响，这些因素变化迅速且难以准确预测。企业的经营业绩受到宏观经济环境、管理水平、市场竞争等多种因素的影响，这使单独分离出数据资产的收益变得困难。在评估数据资产收益时，需要对企业的未来发展进行全面分析和预测，这增加了评估的复杂性和不确定性。

2. 折现率确定主观性过强

折现率的确定需要考虑多种因素，如无风险利率、市场风险溢价、企业特定风险等。不同的评估人员可能会根据自己的经验和判断选择不同的折现率，这导致评估结果的主观性较强。同时，数据资产的风险特征难以准确衡量。数据资产具有不同于传统资产的风险特征，如数据安全风险、数据质量风险、技术更新风险等。这些风险的量化和评估难度较大，使得确定合适的折现率变得更加困难。

3. 适用范围有限

对于没有明确收益的数据资产不适用。有些数据资产可能目前没有产生直接的经济收益，或者其收益难以预测和量化。对于新兴的数据资产市场适用性较差。新兴的数据资产市场往往缺乏历史数据和成熟的交易案例，难以确定合理的预期收益和折现率。

4. 对评估人员要求高

需要具备丰富的专业知识和经验。评估人员不仅要熟悉数据资产的特点和价值影响因素，还要掌握财务分析、市场预测、风险评估等多方面的知识和技能。否则，很容易在评估过程中出现错误和偏差。

第三节　市场法

数据资产价值评估的市场法指的是在具有公开并活跃的交易市场的前提下，选取近期或往期成交的类似参照系价格作为参考，并调整有差异性、个性化的因素，从而得到估值的方法。使用市场法需要目标数据资产的可以参照物具有公开活跃的市场，同时交易相关的重要信息（如交易价格、交易日期等）可以获得且具有可比性。

一、适用条件

1. 资产能够在公开市场上进行交易

资产能够在公开市场上进行交易，意味着其流动性强，市场定价机制完善。这有助于准确评估资产价值，提高交易效率，降低交易成本。同时，公开市场交易还能增强资产透明度，提升投资者信心，为资产持有者带来更好的投资回报。

2. 资产具有可比性

资产的可比性是指不同资产之间在性质、功能、用途等方面具有一定的相似性，使得它们可以在同一市场上进行比较和衡量。这种可比性有助于投资者和决策者更好地理解和评估资产的价值，从而做出更明智的决策。

以上两个条件必须同时满足，缺一不可。应用市场法评估数据资产必须满足可比性的要求。不同类型的数据资产本身并不具有可比性，可比实例的资产必须是同一类型的数据资产。市场法能够客观反映数据资产目前的市场情况，评估参数、指标直接从市场取得，相对真实、可靠。

二、计算公式

1. 计算模型

市场法所使用的计算模型为：

$$P = \sum_{i=1}^{n}(V_i \times X_{i1} \times X_{i2} \times X_{i3} \times X_{i4} \times X_{i5})$$

其中：

P——评估值

n——数据集个数

V_i——参照数据资产的价值

X_{i1}——质量调整系数

X_{i2}——供求调整系数

X_{i3}——期日调整系数

X_{i4}——容量调整系数

X_{i5}——其他调整系数

期日调整系数主要考虑评估基准日与可比案例交易日期的不同带来的数据资产价值差异。一般来说，离评估基准日越近，越能反映相近商业环境下的成交价，其价值差异越小。

期日调整系数 = 评估基准日价格指数 / 可比案例交易日价格指数

容量调整系数主要考虑不同数据容量带来的数据资产价值差异，其基本逻辑为：一般情况下，价值密度接近时，容量越大，数据资产总价值越高。

容量调整系数 = 评估对象的容量 / 可比案例的容量

2. 注意事项

价值密度调整系数主要考虑有效数据占总体数据比例不同带来的数据资产价值差异。价值密度用单位数据的价值来衡量，价值密度调整系数的逻辑为：有效数据（指在总体数据中对整体价值有贡献的那部分数据）占总体数据量比例越大，则数据资产总价值越高。如果一项数据资产可以进一步拆分为多项子数据资产，每一项子数据资产可能具有不同的价值密度，那么总体的价值密度应当考虑每个子数据资产的价值密度。

参照数据资产的选取需要在交易市场、数量、价值影响因素、交易时间、交易类型等方面和目标数据资产之间一致或具有可比性，将参照数据资产经调整后的正常交易价格作为参照数据资产的价值。各项调整系数从不同方面考虑数据质量对数据资产价值的影响，量化参照数据资产与目标数据资产间的差异，从而达到估计目标数据资产价值的目的。

三、目前存在的缺点

1. 数据资产的独特性强

数据资产具有高度的个性化和特异性，很难找到完全相同或相似的数据资产交易案例。即使在某些方面相似，数据的规模、质量、时效性、应用场景等关键因素也可能存在较大差异，这使得准确的比较变得困难。

2. 数据资产交易市场不成熟

目前，数据资产交易市场仍处于发展初期，交易活跃度相对较低，公开的交易案例有限。同时，不同交易平台的数据资产交易信息可能不完整、不规范，增加了寻找可比案例的难度。

3. 众多影响因素复杂多变

数据资产的价值受到多种因素的影响，如数据的准确性、完整性、时效性、隐私性、可扩展性、应用领域等。在进行比较时，需要对这些因素进行调整，但很多因素难以准确确定和量化。例如，数据的隐私性对价值的影响程度很难用具体的数值来衡量。

4. 对于特殊用途的数据资产不适用

部分数据资产可能具有特定的用途或限制，其价值难以通过与一般市场交易案例的比较来确定。例如，为特定行业或企业定制的数据资产，其市场流通性较差，市场法的适用性受到限制。

第四节　期权定价法

期权定价法是将数字资产视为一种具有期权特征的资产进行评估。

在这种方法中，数字资产被看作是一种标的资产，而持有该数字资产的权利就如同一个期权。其核心思想是通过分析数字资产未来价格的不确定性和潜在收益，来确定当前数字资产的价值。

一、结合金融实物期权思想的定价

1. 现存问题

数据资产错配是数据要素时代的普遍问题，数据要素的使用方（行业）所需要的数据资源，往往存在于其他行业，我们把这种现象普遍称为数据资产错配。因此带来了大量的跨行业的数据资产交易需求。以保险行业为例，保险业作为全球最大的金融门类，在国内具有巨大的发展潜力，但长期伴有需求转化不足、供给侧风险控制薄弱、保险产品单一、相似性高、买卖双方信息资源不对称及缺乏健康医疗相关基础设施的观点。但近些年保险行业大数据服务平台已经在中国一些特大城市发布并投入运营，健康医疗大数据在众多数据种类中能对保险行业产生颠覆性和深远影响，对于产业的创新性和实用性方面均带来不可估量的经济价值，例如传统智能运营场景下的核保与理赔，产品创新场景下的创新产品研发等。这些数据应用场景的价值是由数据资产本身的内在价值决定的，正如在实际业务中，智能核保与理赔往往以季度或年度批量服务结算，以及创新产品的有效性通常在产品上市后的第一、第二和第三年逐年验证。

2. 应对策略

当现有数据集质量不佳或市场需求疲软等，企业会放弃或延迟开发数据集。这就意味着当企业计划将数据要素纳入生产环节中时，数据资产便具有了隐含期权的特征，所以将实物期权理论融入数据资产定价。基于此，总结了一套大数据资产定价策略，旨在充分运用金融实物期权定价思想，探索以保险业务为导向，供需双方双赢的保险大数据产品定价模式，最终验证了大数据资产的内在价值并在实际应用中探索实践。

二、期权定价方法在大数据资产定价中的优点

与传统的收益和成本测算方法相比

实物期权定价在项目本身价值的基础上，考虑了项目的增长价值和管理的灵活性。通常情况下，传统的现金流折现（DCF）模型往往没有将项目延期、扩容、临时关闭等灵活性决策作为期间变化来考虑，因此，容易忽视项目的战略价值，导致项目价值被低估。更具体地说，仅依赖净现值法评估的投资项目可能会出现决策误导的情况，例如，某投资项目因暂不符合净现值（以下简称"NPV"）方法的决策规则而被拒绝（$NPV < 0$），但从项目本身来看，项目投资很可能包括一系列的投资行为，所以在做投资决策时，不仅要考虑项目自身的现金流，还应将接下来的投资机会价值纳入考量，换言之，当下盈利能力中性的项目并不意味着它永远不会有价值。在这种情况下，适当推迟项目的实施时间可能会提升项目经济价值。

三、数据资产的期权定价方法

1. 计算公式

考察大数据资产作为第五要素的本质特征，在遵循期权定价假设的基础上，我们考虑采用传统期权定价模型（Black-Scholes model）的基础上引入新的大数据特征变量，用下述方法对大数据资产进行定价，命名为 Applied Data Asset Pricing model（以下简称"ADAP"）：

$$V = Se^{(-\delta * T)}N(d_1)(1 + K\beta_s) - Xe^{(-rf * T)}N(d_2)$$

其中用到的变量参数包括无风险利率、资产价格变动率、合约期、收入和成本现值、稀缺系数、影响程度、股息类支出率等。为了便于理解，我们以在国内某资产定价中的案例，具体介绍上述方法的应用。在国内某大数据平台的定价评估中，我们对上述方法进行了探索性实践，F 公司与该平台签署长期合作协议，基于某项数据资产及其衍生产品进行合作，平台在该项数据资产的期初投入为 30 万元，用于应用之前的

清洗、治理、映射、编译等大数据处理、软件开发、接口联调、硬件部署等运营成本，并且该成本将跟随产品使用率的提升以每年 10% 的速度递增。

2. 注意事项

随着模型应用的深入，进一步发现企业在确定大数据资产价格时，应在众多的影响因素中辨析每个参数对价格的影响程度，这将有利于在可控的时间和一定条件下，尽可能反映未来真实价值，也可以提前预防潜在的风险。在综合评估每个影响因素对资产价值的作用时，依次保持其他变量不变，将每个变量上下调整相同的变化幅度，会发现未来现金流的变化对大数据资产价格的影响最大，这意味着在实际应用中，提高资产价格应更加侧重提高收入而不是降低成本。同时，分析数据显示，相较于成熟的企业，初创的企业对数据稀缺性更敏感，这是源于规模效应和协同效应在不同程度上稀释了稀缺性对大数据资产价格变化的影响。

第五节　图谱定价法

图谱定价法主要是利用数据之间的关联关系构建知识图谱，通过分析图谱中节点（代表数据资产）的重要性、连接度、稀缺性等因素来确定数据资产的价格。

一、基本原理

1. 数据资产具有特殊性

根据"数据要素二十条"的要求，数据的定价和收益核算必须结合数据要素的特征。数据要素的特征与传统生产要素有显著区别。将数据要素在价值维度上的特征归纳为三个方面。第一个特征是特异性，即同一组数据在不同场景中的使用会产生不同的价值。例如，金融机构掌握的数据可以在个人征信、产品营销、风险控制等多个场景中使用，但在不同场景中使用数据带来的业务价值是不同的。第二个特征是协同性，指的是多组数据组合在一起产生的价值大于单个数据的价值总和，这种情况非常常见，而且在使用数据的过程中，常常会发现使用多个数据进行交叉应用会产生更大的业务价值。实际上，这种协同性是数据的一个非常独特的价值特征。第三个特征是数据的无限可复用性。在合规的前提下，一个数据可以同时被很多场景使用，而且这种使用是无限次的。因此，在进行数据定价时，需要考虑这三个方面的数据特征。

2. 与其他资产的差异

由此可见，数据资产与其他资产类别，如实物资产，在估值定价方面存在明显差异。数据资产具有无限可复用性，它可以在同一时间应用在多个经济活动和场景中，所以它的价值应该是所有潜在的经济活动分配权益的加总。因此，需要图谱化的规范统计，汇总收益信息和成本信息，或者是与市场可比的数据协同信息，就可以对各类的场景中产生的经济价值进行公平合理的这个核算和加总，完成数据资产的完整估值。

基于前述数据本身的特征与数据应用模型的评估与风险特性，数据作为资产与其他资产有全然不同的本质特性与价值发挥模式，因此数据定价理论研究需要充分考虑上述方面，形成一套特殊的结合数据实际情况的解决思路；基于前述数据资产化需要的成本信息以及收益信息等价值评估重要参数估计，数据作为资产，其生产与价值发挥链路错综复杂，需要考虑图谱化建设；针对这些方面，研究设计了一套数据要素定价体系，以数据要素定价方法为核心技术出发，结合数据资产图谱，实现了一套通用合理的技术框架。

二、数据要素定价方法

根据以上两个部分，已经建立了一个坚实的理论框架，并且可以在数学上证明其正确性。该理论框架可以用来处理数据在某一项经济活动中产生的价值，实现公平、合理的计算。若要对数据的总价值进行计算，则需要结合以上提到的数据要素的特征。

1. 需要将理论与实际场景相结合

建立业务价值与数据模型之间的映射关系。这个具象化的过程需要考虑数据的使用者，以及他们对经济学意义上的功效函数和数据使用价值产生的耦合关系的明确定义。将此算法在一系列具体场景中实现，例如银行信贷和推荐领域，通过大规模数据应用和模型自动化展业，实现了对功效函数和数据价值的自动化计算，实现在业务开展的同时，计算数据在该场景中产生的经济价值。在其他场景中，致力于实现经济价值与数据模型的耦合公式不断迭代。

2. 与各行业各领域的专家一起明确定义功效函数

在定义了功效函数之后，形成行业标准。在行业实践中，算法落地首先需要理解数据使用者的经济目标，如最大化生产收益、最小化生产成本、最小化仓存储成本等，并在不同业务场景中定义这些目标，以实现自动化数据价值计算；此外，对于部分数据应用仍未完全智能化的场景，需要适用于基于宏观要素投入产出计算的方法论，用以计算数据价值。

三、数据资产图谱

当前全行业数字化转型加速，数据是底层基础要素，一定程度支撑着上层业务化模型的表现。随着包括人工智能模型、业务上云、物联网、区块链等新技术的落地，数据将会继续呈指数级增长，成为全社会最有价值的资产之一。可以预见，全行业亟须对数据资产化价值管理，这就需要对整个数据生产与价值发挥链条做出价值解析。

1. 在产业中数据的应用层面

数据的生产本身会形成一个上下游的关系：从原始的数据资源，经过数据治理的过程，完成数据的归集、清洗、整理，再到数据的分析建模，以及建模后的模型应用。整个链条最终会与业务场景相结合，产生价值。因此，在数据的价值计算中，沿着数据生产的链条进行价值回溯是一个与实际结合、行之有效的解决思路，能够实现参与各个场景的每个数据元素的价值的精确计算。由此，提出基于合作博弈理论将数据产生的业务价值公平有效地清分给任意单元的参与经济任务的数据源的重要算法，研发了数据资产图谱技术，实现自动化盘点、计算和解析数据资产与各个场景的价值关联关系，穿透数据间的价值关联关系。

2. 发挥数据价值

在数据生产过程中，数据需要经过一系列的加工处理才能形成萃取层数据，发挥其价值。其中，上游数据的价值可以通过价值回溯的方法进行计算。为了实现这一点，我们需要对数据的生产链条进行解析，以便清楚地了解数据的信息流转过程。更确切地说，我们将在实际数据包括生产、使用、创造价值的全生命周期中，追溯数据资产之间的生产与业务价值关系，对数据生产过程实行结构化、知识化的管理，通过完整地复盘数据生产流程，实现数据合规、高效生产和使用。

前述提到数据要素的三个特征：特异性、协同性、无限可复用性。正是这三个特性导致了数据对于不同的场景的价值关联关系是不一样的，数据和数据之间的价值协同关系也是不一样的。加之数据可以无限复用，这些导致了数据价值特征形成了一个网状结构，数据资产图谱即是这个网状结构的事实性体现。

四、数据资产图谱与数据资产评估

通过不断记录、更新所有数据资产在各个场景中产生的价值，以及数据与数据之间的价值，数据资产图谱形成了数据定价的坚实基础。

1. 数据资产图谱是一个可以无限扩展的工具

在发现某项数据对某个场景有价值时，能够使用数据资产图谱的技术进行解析和价值回溯。在不断使用和发掘数据价值的过程中，数据资产图谱也会不断盘点和扩展数据价值。有了数据资产图谱，就可以对数据资产本身的价值进行评估。

上文中提到，《信息技术　大数据　数据资产价值评估》国家标准征求意见稿中明确列举了收益法、成本法等相关评估方法。其中，收益法一般是通过测算该项数据资产所产生的未来预期收益并折算成现值，进而确定数据资产的价值。而成本法评估数据资产则一般是按照重置该项数据资产所发生的成本作为确定数据资产价值的基础，并对重置成本的价值进行调整，以此确定数据资产价值。无论是收益计算抑或成本计算，落地现实中都需要必要的、细致到生产实处的参数估算。数据定价算法相当于在实际计算落地指导层面给出了一个通用的框架，对于任意经济活动中的数据都可以实现公平有效的价值计算；同时，借助数据资产图谱技术，能够对数据生产链条中的所有数据进行合理的价值分配。

2. 实际应用

基于数据资产定价与数据资产图谱技术这两项理论和技术基础，可以实现不断审视数据，并在不断扩大的数据资产图谱中探寻各种应用场景的价值，从而进行数据资产的估值计算：在数据资产估值的过程中，一方面，依赖于数据定价算法计算，不同场景中每项参与的数据应该分配的公平合理的价值。另一方面，通过数据资产图谱，可以在不同场景中对数据产生的收益进行加总，实现总价值的评估。

实际上，若将所有微观数据都进行细致计算，工作量将十分庞大，所需信息也受限于现实环境，存在可得性有限的问题——这时可以通过构建"数据价格指数"作为辅助解决路径，对某类数据在某个场景产生的价值进行宏观的指标核算。

五、前景分析

1. 依托数据资产图谱

首先，可以基本直接实现不同数据使用场景下的收益定价。其次，还可以实现数据资产的评估验证。未来，数据资产图谱中会包含越来越多的数据、场景的价值信息以及数据之间的价值协同关系——这些信息可以对数据资产评估进行验证。如果评估结果与其他可比结果相比过高或过低，就可通过在数据资产图谱中找到依据作为参考。再者，可以实现数据交易的智能撮合。因为数据资产图谱中积累了很多数据的供需关系信息，可以基于数据资产图谱的这些信息指导下一次的数据交易，对数据供给方和需求方进行智能撮合。

2. 具体表现

数据资产图谱在未来行业发展中有广泛的应用场景。比如数据经济建设通过数据定价与模型治理，作为数据要素流通市场的基础设施，畅通数据交易流动，将全产业链数据图谱应用在金融机构与地方政府对实体济的支持；同时在企业集团内部不同部门，不同法人主体之间可以建设以数据资产图谱为支撑的数据要素流动与定价平台，推动数据共享与收益核算分配，推动数据资产计价、核算与审计；在行业内部建立"监管沙盒"先行先试。尤其是，通过在集团内部打造智能化模型，利用华润银行与产业集团的数据，在隐私计算的环境下进行联合建模，产生各类生产模型：如智能营销、智能推荐、智能信贷风险模型等。在联合建模的同时，依托数据定价算法以及数据资产图谱在集团不同法人主体、不同部门之间根据数据的贡献度进行经济价值的分配、部门贡献的独立核算，用市场化的力量将整个集团的资源协调起来进行数字经济的建设，形成"以产助融，以融助产"的产融协同模式，将集团内部的应用推广至全行业，促进全行业数字化产能提升。

第六节 其他评估方法

一、基于"信息熵"定价

"信息熵"表示信息中排除冗余后的平均信息量，是与买家关注的某事件发生的概率相关的相对数量。信息熵越大，某事件发生的不确定性越小，正确估计它的概率越高。信息熵定价法已经充分考虑了数据资产的稀缺性，相对于数据的内容和质量，它更关注数据的有效数量和分布。

二、数据资产分解估价法

数据资产分解估价法是协作生产大数据产品的各利益主体分配收益或者分摊成本的估价方法。在实践中，运用上述基本方法分别评估大数据资产整体及其各部分的价格，通常会存在各部分价格之和与数据整体价格不相等的情形。

三、数据资产价值的多维度定价

由于数据要素的特殊性以及不同主体实践经验的复杂性和多元性，就数据要素价值的评估方法形成的研究呈现针对性较强、普适性较差的特征，需要同时解决标准化运作和确权问题，以及分场景定价问题等。

四、基于效用的定价方式

基于效用的定价常以数据本身的特征、质量以及客户感知价值为计价基础，兼顾了数据本身的价值和消费者需求。如贵阳数据交易所就将数据质量作为价格的决定性因素，数据质量包括数据品种、时间跨度、数据深度、数据完整性、数据覆盖性和数据时效性六类。然而在实践中，由于数据效用的预先客观量化是十分困难的，此定价方法有待进一步的研究。

五、基于博弈论的协议定价方式

数据资产与实物资产在估值上存在显著差异，因其具有无限可复用性，能同时应用于多场景。其价值应体现于所有潜在经济活动的权益分配总和。为此，需通过图谱化规范统计，整合收益、成本及市场可比数据，以确保对各场景经济价值进行公正核算与加总，从而实现数据资产的全面、合理估值。

六、运用区块链的数据定价机制

运用区块链的数据定价设计出基于使用权的交易定价和所有权的交易定价。采用这种定价模式可以促使部分数据购买者参与交易，虽然数据的价值不会因为使用而流失或减少，但是一些数据具有时效性，对于企业来说，购买这些只有短期使用价值数据的所有权成本过高，很可能达不到预期收益。另外，以深度学习为代表的机器学习等技术的不断发展正成为一系列科技革命的重要驱动力量，通过模拟人的思维模式，构建模型，自动完成事件活动，其在图片处理、自然语言处理和计算机视觉等多方面都有卓越的应用。金融领域本来就长期存在基于机器学习的定价模型，比如将随机森林等经典机器学习算法运用在利率定价和信贷风险预测。

第七节　评估方法的选择

在数据资产评估中，方法选择至关重要，它直接关乎评估结果的精确性和可信度。合理的评估方法能全面考量数据的多维度价值，确保评估过程科学严谨，为数据交易、融资及决策提供可靠依据，提升数据资产的市场认知度与利用效率。

一、要充分考虑数据资产的特点

如果数据资产具有独特性，在市场上难以找到类似的可比资产，那么成本法或收益法可能更为合适。例如，特殊企业拥有的特定行业客户数据，由于其独特的价值驱动因素，很难通过市场法找到完全可比的资产。若数据资产的时效性较强，如实时金融数据或社交媒体趋势数据，评估方法应能考虑时间因素对价值的影响，收益法可通过预测未来现金流的时间分布来体现这一特点。同时，数据资产的质量，包括准确性、完整性和一致性等方面，也会影响评估方法的选择。高质量的数据资产通常价值更高，成本法中获取和维护高质量数据资产的成本可能较高，从而影响评估结果。

二、评估目的是选择评估方法的重要依据

如果评估目的是确定数据资产在交易中的价格，市场法可能更具优势，因为它直接参考市场上类似资产的交易价格。但如果市场上缺乏可比交易案例，收益法和成本法可以作为补充，通过预测未来收益或估算成本来确定价值。对于财务报告目的的评估，需要遵循相关会计准则和规范，通常成本法和收益法较为常用；而在为内部管理决策进行评估时，可以综合考虑多种评估方法，以提供更全面的价值分析。

三、市场条件也不容忽视

当数据资产所在的市场活跃，有较多的交易案例可供参考时，市场法具有较大优势。相反，如果市场不活跃，缺乏可比交易，就需要依靠其他方法进行评估。此外，了解所在行业的数据资产交易趋势和价值驱动因素，有助于选择更合适的评估方法。例如，在新兴行业中，由于缺乏成熟的市场和可比交易，可能需要更多地依赖收益法来评估数据资产的潜在价值。

第八节　阿里巴巴集团数据资产评估方法选择

一、选择的数据资产评估方法

阿里巴巴集团选择了成本法和收益法相结合的方式进行数据资产评估。

1. 成本法

成本法适用于那些难以通过市场比较法或收益法准确评估价值的资

产，特别是当市场上缺乏类似资产的交易数据时。

阿里巴巴集团拥有大量的数据资产，这些数据资产在形成过程中涉及数据采集、存储、处理、分析等多个环节，每个环节都产生了相应的成本。因此，通过成本法可以较为准确地估算出数据资产的重置成本，为评估提供了一定的参考依据。

2. 收益法

收益法适用于那些能够产生稳定现金流或未来收益的资产，特别是当这些资产的价值主要来源于其未来盈利能力时。

阿里巴巴集团的数据资产在电商、云计算、大数据等多个领域得到广泛应用，为公司带来了显著的经济收益。通过收益法，可以预测这些数据资产在未来一段时间内能够产生的经济收益，并据此确定其评估价值。这种方法更符合数据资产作为无形资产的实际价值体现。

二、选择的合适性分析

1. 综合性

阿里巴巴集团选择成本法和收益法相结合的方式进行数据资产评估，充分考虑了数据资产的形成成本和未来收益潜力。这种方法既考虑了数据资产的历史投入，又考虑了其未来赢利能力，使得评估结果更加全面和准确。

2. 市场认可度

在数据资产评估领域，成本法和收益法都是被广泛接受和认可的方法。阿里巴巴集团选择这两种方法进行评估，有助于提升评估结果的市场认可度和公信力。

3. 符合实际情况

阿里巴巴集团作为电商和云计算领域的领军企业，其数据资产具有独特性和复杂性。通过成本法和收益法相结合的方式进行评估，能够更好地反映数据资产的实际价值和市场潜力，为公司的决策提供有力支持。

三、案例总结

阿里巴巴集团选择成本法和收益法相结合的方式进行数据资产评估，是基于数据资产的特性、评估目的以及市场认可度等多方面因素综合考虑的结果。这一选择不仅符合阿里巴巴集团数据资产的实际情况，还有助于提高评估结果的全面性和准确性，为公司的决策提供了有力支持。同时，这也体现了阿里巴巴集团在数据资产管理和价值实现方面的前瞻性和创新性。

✒️ **小贴士**

某国际贸易外部采购数据资产化价值评估

D公司以核心技术研发、数据挖掘、AI算法为业务核心，整合海量数据包括全球各国海关进出口贸易数据、港口贸易物流航运数据、欧亚铁路过境数据，以及信用、保险、金融等领域的企业的数据，搭建"外贸数据商业智能云服务平台"，分析全球各国贸易情况、行业产品发展趋势和企业上下游供应链。

数据来源于各国进出口报关单数据、全球进出口贸易提单数据、全球船舶运输集装箱定位和轨迹数据、全球空运货物定位和轨迹数据、全球船舶档案数据、全球企业商业数据。

在评估方法的选择上，受到了很多限制，因为缺乏类似交易案例，不采用市场法，未来收益合理可期并可计量，采用收益法评估。

具体评估过程主要分为三步。第一步是收益测算，根据经营历史和未来发展，收益预测可采取直接收益预测、分成收益预测、超额收益预测或增量收益预测等方式。第二步是进行期限预测，综合考虑法律有效期限、相关合同有效期限、数据资产自身的经济寿命年限、数据资产的更新时间、数据资产的时效性和数据资产的权利状况等因素合理确定，此外还应考虑达到稳定收益的期限以及资产

价值是否存在衰减的情况。第三步是选择折现率，通过分析评估基准日的利率、投资回报率以及数据资产权利实施过程中的管理、流通、数据安全等风险因素确定。

本案例采用风险累加法确定折现率，即折现率＝无风险报酬率＋风险报酬率。无风险报酬率选取基准日一年期中国国债收益率；风险报酬率考虑了未来风险的回报水平，主要风险包括数据资产经营风险和数据变现风险。经过实施访谈调研、市场调查和评定估算等评估程序，采用收益法，D 公司持有的国际贸易数据资产在评估基准日的估值为 ××× 万元。

第八章

数据资产评估报告及档案管理

▶ ▶ ▶ ───────────

数据资产评估报告和档案管理是数据资产评估过程的最后一个环节，也是非常重要的环节。数据资产评估报告能够帮助企业所有者和管理者提供决策依据、优化资源配置，完备的数据资产评估档案管理能够保证数据资产评估工作的可追溯性，促进数据资产评估质量提升。本章节将会从数据资产评估报告内容、数据资产评估档案的概念与内容以及数据资产评估档案的归集与管理三个方面来叙述。

第一节　评估报告的内容

数据资产评估报告是指资产评估机构及其资产评估专业人员遵守法律、行政法规和资产评估准则，根据委托履行必要的评估程序后，由资产评估机构对评估对象在评估基准日特定目的下的价值出具的专业报告。资产评估专业人员应当根据评估业务的具体情况，提供能够满足委托人和其他评估报告使用人合理需求的数据资产评估报告，并在数据资产评估报告中提供必要信息，使数据资产评估报告使用人能够正确理解和使用评估结论。数据资产评估报告应当按照一定格式和内容进行编写，反映评估目的、假设、程序、标准、依据、方法、结果及适用条件等基本信息。

根据《资产评估执业准则——资产评估报告》，数据资产评估报告的内容包括：标题、文号、声明、摘要、正文、附件。

一、数据资产评估报告标题、文号、声明、摘要

1. 标题、文号

数据资产评估报告是指资产评估机构及其资产评估专业人员遵守法律、行政法规和资产评估准则，根据委托履行必要的资产评估程序后，由资产评估机构对评估对象在评估基准日特定目的下的价值出具的专业报告。只有符合该定义的评估报告，才能以"评估报告"标题出具。

数据资产评估报告的标题格式一般为：企业名称＋经济行为关键词＋评估对象＋资产评估报告。

数据资产评估报告文号的格式要求包括资产评估机构特征字、种类特征字、年份、报告序号。

数据资产评估机构特征字用于识别出具报告的评估机构，通常以体现评估机构名称特征的简称表述；种类特征字用于体现报告对应的专业服务类型（评估、咨询等），资产评估报告的种类特征字通常表述为"评报字"。

在实践中，资产评估机构还可以根据内部管理的需要对报告序号的编制要求加以细化。例如，一些评估机构在报告文号的报告序号中增加了识别其内部具体承办业务的部门（分公司）的特征字段。

2. 声明

数据资产评估报告的声明通常包括以下内容：

第一，本数据资产评估报告依据财政部发布的资产评估基本准则和中国资产评估协会发布的资产评估执业准则和职业道德准则编制。

第二，委托人或者其他数据资产评估报告使用人应当按照法律、行政法规规定和数据资产评估报告载明的使用范围使用数据资产评估报告；委托人或者其他数据资产评估报告使用人违反前述规定使用数据资产评估报告的，资产评估机构及其资产评估专业人员不承担责任。

第三，数据资产评估报告仅供委托人、数据资产评估委托合同中约定的其他数据资产评估报告使用人和法律、行政法规规定的数据资产评估报告使用人使用；除此之外，其他任何机构和个人不能成为数据资产评估报告的使用人。

第四，数据资产评估报告使用人应当正确理解和使用评估结论，评估结论不等同于评估对象可实现价格，评估结论不应当被认为是对评估对象可实现价格的保证。

第五，数据资产评估报告使用人应当关注评估结论成立的假设前提、数据资产评估报告特别事项说明和使用限制。

第六，资产评估机构及其资产评估专业人员遵守法律、行政法规和资产评估准则，坚持独立、客观和公正的原则，并对所出具的资产评估报告依法承担责任。

第七，其他需要声明的内容。

需要注意的是，准则的要求仅是一般性声明内容，资产评估专业人员在执行具体评估业务时，还应根据评估项目的具体情况，调整或细化声明内容。

3. 摘要

《资产评估执业准则——资产评估报告》规定，数据资产评估报告摘要通常提供数据资产评估业务的主要信息及评估结论。

资产评估专业人员可以根据评估业务的性质、评估对象的复杂程度、委托人要求等，合理确定摘要中需要披露的其他信息。摘要应当与评估报告揭示的相关内容一致，不得有误导性内容。

二、数据资产评估报告正文

数据资产评估报告正文应当包括委托人及其他资产评估报告使用人、评估目的、评估对象和评估范围、价值类型、评估基准日、评估依据、评估方法、评估程序实施过程和情况、评估假设、评估结论、特别事项说明、数据资产评估报告使用限制说明、数据资产评估报告日、资产评估专业人员签名和资产评估机构印章十四项内容。

1. 委托人及其他资产评估报告使用人

数据资产评估报告使用人包括委托人、数据资产评估委托合同中约定的其他数据资产评估报告使用人和法律、行政法规规定的数据资产评估报告使用人。在评估报告中应当阐明委托人和其他评估报告使用人的身份，包括名称或类型。

2. 评估目的

数据资产评估目的应当披露数据资产评估所服务的具体经济行为，说明评估结论的具体用途。清晰、准确地揭示评估目的是数据资产评估报告使用人理解资产评估专业人员界定评估对象、选择评估结论价值类型的基础。数据资产评估报告载明的评估目的应当唯一，有利于评估结论有效服务于评估目的。

3. 评估对象和评估范围

数据资产评估报告中应当载明评估对象和评估范围，并描述评估对象的基本情况。明确的评估对象和评估范围有助于数据资产评估报告使用人理解该报告。

4. 价值类型

数据资产评估报告应当说明选择价值类型的理由，并明确其定义。一般情况下可供选择的价值类型包括市场价值、投资价值和在用价值。

5. 评估基准日

数据资产评估报告应当明确披露评估基准日。与追溯性、现时性、预测性业务相对应，评估基准日分别是过去、现在或者未来的时点。评估基准日一般应以具体的日期体现。

数据资产评估报告载明的评估基准日应当与数据资产评估委托合同约定的评估基准日保持一致。

6. 评估依据

数据资产评估报告应当说明数据资产评估采用的法律依据、准则依据、权属依据及取价依据等。但《资产评估执业准则——资产评估报告》没有规范这些"依据"需要披露的具体内容，实务中通常结合评估项目的具体情况，参考企业国有资产评估报告对法律法规依据、评估准则依据、权属依据、取价依据的披露要求进行撰写。

7. 评估方法

数据资产评估报告应当说明所选用的评估方法名称、定义及选择理由。

确定数据资产价值的评估方法主要包括市场法、收益法、成本法、综合法评估法、期权定价法、图谱定价法以及其他评估方法。资产评估专业人员在选择评估方法时应当充分考虑影响评估方法选择的因素。这些因素包括：评估目的和价值类型、评估对象、评估方法的适用条件、评估方法应用所依据数据的质量和数量等。

在披露评估方法的选择理由时需要注意以下影响评估方法选用的因素。

第一，评估方法的选择与评估目的、评估时的市场条件、被评估对象的具体状况，以及由此所决定的资产评估价值类型的适应性。

第二，各种评估方法运用所需的数据资料和主要经济技术参数的收集条件对选择评估方法的制约。每种评估方法的运用所涉及的经济技术参数的选择，都需要有充分的数据资料作为基础和依据。在评估时点以及一个相对较短的时间内，当某种评估方法所需数据资料的收集遇到困难时，资产评估专业人员需要依据替代原理，选择信息资料充分的评估方法。

第三，评估方法运用的条件和程序要求对选择评估方法的约束。因适用性受限而选择一种评估方法的，资产评估专业人员应当在数据资产评估报告中披露其他基本评估方法不适用的原因；因操作条件受限而选择一种评估方法的，数据资产评估专业人员应当对所受的操作条件限制进行分析、说明和披露。

8. 评估程序实施过程和情况

数据资产评估报告应当说明资产评估程序实施过程中现场调查、收集整理评估资料、评定估算等的主要内容，一般包括四个过程。

第一，接受项目委托，确定评估目的、评估对象与评估范围、评估基准日，拟定评估计划等过程。

第二，指导被评估单位清查资产、准备评估资料，核实资产与验证资料等过程。

第三，选择评估方法、收集市场信息和估算等过程。

第四，评估结论汇总、评估结论分析、撰写报告和内部审核等过程。

资产评估专业人员应当在遵守相关法律、法规和资产评估准则的基础上，根据委托人的要求，遵循各专业准则的具体规定，结合报告的繁简程度恰当考虑对评估程序实施过程和情况的披露的详细程度。

9. 评估假设

数据资产评估报告应当披露所使用的资产评估假设。资产评估专业人员应当在评估报告中清晰说明评估项目中所采用的反映交易及市场条件、评估对象存续或使用状态、国家宏观环境条件、行业及地区环境条件、评估对象特点的各项评估假设的具体内容。合理体现在具体的评估项目使用的评估假设，与资产评估目的及其对评估市场条件的限定情况、评估对象自身的功能和在评估时点的使用方式与状态、产权变动后评估对象的可能用途及利用方式和利用效果等条件的联系和匹配性，使评估结论建立在合理的基础之上。

资产评估专业人员还应当在评估报告中明确提示，如果评估报告所披露的评估假设不成立，将对评估结论产生重大影响。

10. 评估结论

《资产评估执业准则——资产评估报告》规定，资产评估报告应当以文字和数字形式表述评估结论，并明确评估结论的使用有效期。评估结论通常是确定的数值。经与委托人沟通，评估结论可以是区间值或者其他形式的专业意见。在评估准则中引入区间值或者其他形式的专业意见表达形式是为了顺应对评估业务发展的多元化服务需求。

在实务中得到确定的数值通常可以采用以下方式得到。

第一，采用两种以上评估方法的，选择其中相对合理方法的结果作为评估结论。

第二，对不同方法的评估结果采用算术平均、加权平均、求取中位数等数学方法综合得出评估结论。

11. 特别事项说明

特别事项是指在已确定评估结论的前提下，资产评估专业人员在评估过程中已发现可能影响评估结论，但非执业水平和能力所能评定估算的有关事项。数据资产评估报告中应当对特别事项进行说明，并重点提示评估报告使用人对其予以关注。

数据资产评估报告的特别事项说明通常包括下述情况。

第一，权属等主要资料不完整或者存在瑕疵的情形。

第二，委托人未提供的其他关键资料情况。

第三，未决事项、法律纠纷等不确定因素。

第四，重要的利用专家工作及相关报告情况。

第五，重大期后事项。

第六，评估程序受限的有关情况、评估机构采取的弥补措施及对评估结论影响的情况。

第七，其他需要说明的事项。

12. 数据资产评估报告使用限制说明

数据资产评估报告的使用限制说明应当载明下述四项内容。

第一，数据资产评估报告的使用范围。数据资产评估报告只能用于报告载明的评估目的和用途。

第二，委托人或者其他数据资产评估报告使用人未按照法律、行政法规规定和数据资产评估报告载明的使用范围使用数据资产评估报告的，资产评估机构及其资产评估专业人员不承担责任。

第三，除委托人、数据资产评估委托合同中约定的其他数据资产评估报告使用人和法律、行政法规规定的数据资产评估报告使用人之外，其他任何机构和个人不能成为数据资产评估报告的使用人。

第四，数据资产评估报告使用人应当正确理解和使用评估结论。评估结论不等同于评估对象可实现价格，评估结论不应当被认为是对评估对象可实现价格的保证。

数据资产评估报告由评估机构出具后，委托人、评估报告使用人可以根据所载明的评估目的和评估结论恰当、合理地使用数据资产评估报告。

13. 数据资产评估报告日

资产评估专业人员应当在评估报告中说明数据资产评估报告日。数据资产评估报告载明的数据资产评估报告日通常为评估结论形成的日期，这一日期可以不同于资产评估报告的签署日。资产评估报告日应当以具体的日期体现。

14. 资产评估专业人员签名和资产评估机构印章

数据资产评估报告至少应由两名承办该业务的资产评估专业人员签名，最后加盖资产评估机构的印章。

三、评估报告附件

数据资产评估报告附件是对数据资产评估报告的补充和佐证，主要包括评估对象所涉及的主要权属证明资料、委托人和其他相关当事人的承诺函、资产评估机构及签名资产评估专业人员的备案文件或者资格证明文件、数据资产评估汇总表或明细表以及数据资产账面价值与评估结论存在较大差异的说明五项内容。

1. 评估对象所涉及的主要权属证明资料

评估对象所涉及的主要权属证明资料是指能够证明产权归属问题的一切材料。这些资料是被评估企业进行正常生产经营活动的法律保证，包括但不限于企业所拥有的重要资产的权属证明资料。评估专业人员应当了解、熟悉常见的权属证明式样，主要记载事项及其含义，以及可能对评估结果产生直接影响的事项。评估对象的主要权属证明资料必须真实、完整、合法，任何虚假或不完整的资料都可能导致评估结果的无效。同时，评估人员需要对这些资料进行详细核查验证，确保其真实性和有效性。

2. 委托人和其他相关当事人的承诺函

委托人和其他相关当事人的承诺函是评估程序中不可或缺的一环，它主要确认了委托人对于评估对象、评估范围、评估目的等评估要素的认知和认可，并对评估机构和评估师的责任进行了明确。承诺函通常包括委托人对评估过程和结果的认可、提供真实完整资料的保证、评估目的和范围的限定、承担由此产生的所有风险和责任等内容。注意点：承诺函应当清晰、明确，避免模糊或有歧义的表述。委托人在签署承诺函前，应当充分了解其内容，并确保自己能够履行承诺。同时，评估机构也应当对承诺函进行仔细审查，确保其符合法律法规和评估规范的要求。

3. 资产评估机构及签名资产评估专业人员的备案文件或者资格证明文件

资产评估机构及签名资产评估专业人员的备案文件或者资格证明文件是评估机构合法开展评估业务的凭证。根据《中华人民共和国资产评估法》和相关规定，资产评估机构应当依法采用合伙或者公司形式，聘用评估专业人员开展评估业务，并需要按照规定进行备案。备案文件通常包括资产评估机构备案表、营业执照复印件、合伙协议或公司章程、资产评估专业人员情况汇总表等。同时，评估专业人员也需要具备相应的资格证明文件，如资产评估师资格证书等。评估机构在提交备案文件时，应当确保所有文件的真实性和完整性。同时，评估机构也应当定期更新备案信息，确保其与实际情况相符。评估专业人员在签署评估报告时，应当确保其具备相应的资格，并遵守职业道德和法律法规的要求。

4. 数据资产评估汇总表或明细表

数据资产评估汇总表或明细表是反映被评估数据资产评估前后情况的重要文件。它通常包括数据资产的类型、数量、价值、权属状况等信息，以及评估过程中采用的方法、参数和结果等。通过数据资产评估汇总表或明细表，可以清晰地了解数据资产的价值状况，为相关决策提供依据。在编制数据资产评估汇总表或明细表时，应当确保所有数据的准确性和完整性。同时，评估机构也应当根据实际情况选择合适的方法和参数进行评估，确保评估结果的公正性和准确性。此外，数据资产评估汇总表或明细表还应当符合相关法律法规和评估规范的要求。

5. 数据资产账面价值与评估结论存在较大差异的说明

数据资产账面价值与评估结论存在较大差异的原因可能是多方面的，包括但不限于会计政策的异同、资产评估方法的不同、数据资产自身价值的变化以及盘亏和盘盈等因素。为了解释这种差异，评估机构需要出具详细的说明，分析差异产生的原因，并提出相应的解决方案。在说明数据资产账面价值与评估结论存在较大差异的原因时，应当客观、公正地分析问题，避免主观臆断或片面之词。同时，评估机构也应当提供充分的证据支持其观点，确保说明的可信度和说服力。此外，对于如何缩小这种差异，评估机构也应当提出切实可行的建议。

四、数据资产评估报告需要注意的问题

1. 报告保密问题

在编制数据资产评估报告的过程中，必须严格遵守保密原则，确保不违法披露任何涉及国家安全、商业秘密、个人隐私等敏感数据。这些信息的泄露可能会对国家利益、企业运营和个人权益造成不可估量的损害。因此，评估人员应充分了解并遵循相关法律法规，采取必要的保密措施，确保评估报告的编制过程及结果均符合保密要求。

2. 报告公开问题

数据资产评估报告作为专业、机密的文档，其内容的公开必须受到严格控制。未经委托人书面许可，评估机构及人员不得擅自将数据资产评估报告的内容向第三方提供或公开。这包括不得摘抄、引用报告内容，或将其披露于任何公开媒体上。当然，如果法律、行政法规有特别规定，或者相关当事人之间有明确的约定，可以按照相关规定或约定执行。

3. 报告适用范围

评估机构在交付数据资产评估报告时，应明确告知委托人或其他评估报告使用人，必须按照法律、行政法规的规定以及资产评估报告载明的使用目的和用途来使用该报告。这是为了确保评估报告的使用不会违反法律法规，同时也不会超出其原定的使用范围，从而保护委托人和相关当事人的合法权益。

4. 报告使用期限

数据资产评估报告的评估结论并不是永久有效的，而是有一个明确的使用有效期。通常，这个有效期是以评估基准日与经济行为实现日

之间的时间差来衡量的。只有当这两个日期相距不超过一年时，评估报告的结论才被认为是有效且可信赖的。因此，在使用数据资产评估报告时，必须注意其评估结论的有效期限，以确保决策的科学性和合理性。

第二节　档案的概念与内容

资产评估机构应当对工作底稿、数据资产评估报告以及一些其他相关资料进行整理，形成数据资产评估档案，以便于留存数据资产评估工作记录以及日后的查阅。

一、数据资产评估档案概念与内容

1.数据资产评估档案的概念

数据资产评估档案是指资产评估机构在开展数据资产评估业务过程中形成的，反映评估程序实施情况、支持评估结论的工作底稿、数据资产评估报告及其他相关资料。这些档案是判断评估项目是否遵循了既定程序、评估结论是否科学合理的重要依据。

2.数据资产评估档案的内容

数据资产评估档案内容全面记录了资产评估机构在执行数据资产评估业务时的各项关键信息与过程。这包括管理类工作底稿，如评估业务基本事项、委托合同、评估计划及执行中重大问题处理记录等，以及操作类工作底稿，详细载明了现场调查、资料收集、询价和评定估算等评估程序的具体实施情况。此外，档案中还包含数据资产评估报告，该报告综合阐述了评估目的、范围、方法、结论及建议。同时，为了确保评估的合法性和准确性，档案还收录了评估对象的主要权属证明资料、委托人及其他相关当事人的承诺函，以及其他与评估工作紧密相关的各类资料。这些档案内容共同构成了评估工作的完整记录，为评估结论的合理性和科学性提供了有力支持。

二、工作底稿的分类与内容

工作底稿是资产评估专业人员在执行评估业务过程中形成的，反映评估程序实施情况、支持评估结论的工作记录和相关资料。工作底稿是判断一个评估项目是否执行了这些基本程序的主要依据，应反映资产评估专业人员实施现场调查、评定估算等评估程序，支持评估结论。

根据不同的分类方式，可以将工作底稿分为不同类别。

1. 按工作底稿的载体分类

按照工作底稿的载体，可以分为纸质文档、电子文档或者其他介质形式的文档。

数据资产评估委托合同、数据资产评估报告应当形成纸质文档。评估明细表、评估说明可以是纸质文档、电子文档或者其他介质形式的文档。同时以纸质和其他介质形式保存的文档，其内容应当相互匹配，不一致的以纸质文档为准。

资产评估机构及其资产评估专业人员应当根据资产评估业务具体情况和工作底稿介质的理化特性，谨慎选择工作底稿的介质形式，并在评估项目归档目录中按照评估准则要求注明文档的介质形式。

2. 按工作底稿的内容分类

按照工作底稿的内容，可以分为管理类工作底稿和操作类工作底稿。

管理类工作底稿是指在执行数据资产评估业务过程中，为受理、计划、控制和管理数据资产评估业务所形成的工作记录及相关资料。通常包括数据资产评估业务基本事项的记录、评估委托合同、评估计划、评估业务执行过程中重大问题处理记录，评估报告的审核意见等内容。

操作类工作底稿是指在履行现场调查、收集评估资料和评定估算程序时所形成的工作记录及相关资料。通常包括以下方面。

第一，现场调查记录与相关资料。例如，委托人或者其他相关当事人提供的资料，如资产评估明细表，评估对象的权属证明资料，与评估业务相关的历史、预测、财务、审计等资料，以及相关说明、证明和承诺等；应由提供方对相关资料进行确认，确认方式包括签字、盖章或者法律允许的其他方式；现场勘察记录、书面询问记录、函证记录等；其他相关资料。

第二，收集的评估资料。例如，市场调查及数据分析资料，询价记录，其他专家鉴定及专业人士报告，其他相关资料。

第三，评定估算过程记录。例如，重要参数的选取和形成过程记录，价值分析、计算、判断过程记录，评估结论形成过程记录，与委托人或者其他相关当事人的沟通记录，其他相关资料。

三、数据资产评估工作底稿的编制要求

工作底稿是反映评估程序实施情况、支持评估结论的工作记录和相关资料。工作底稿的编制应当遵循一定的要求，来保证工作底稿的真实性和有效性。工作底稿的编制应当遵循下述六个方面的要求。

1. 工作底稿的编制应当遵守法律、行政法规和资产评估准则

工作底稿的编制是资产评估过程中的重要环节，必须严格遵守法律、行政法规以及资产评估准则的相关规定。这包括《资产评估基本准则》《资产评估执业准则——资产评估程序》和《资产评估执业准则——资产评估档案》等规范文件。遵循这些规定，可以确保工作底稿的编制过程合法合规，进而提高评估工作的专业性和可信度。

2. 工作底稿的编制应当如实反映资产评估程序实施情况，支持评估结论

在评估程序实施的各个阶段，如订立评估业务委托合同，编制数据资产评估计划，进行评估现场调查，收集整理评估资料，评定估算形成结论，编制出具评估报告等各阶段，都应当将工作过程如实记录和反映在工作底稿中。工作底稿是用来反映评估过程有关资料、数据内容的记录，是为最终完成评估业务服务的，其目的是支持评估结论。与评估报告有关或支持评估结论的所有资料均应当形成相应的工作底稿。

3. 工作底稿的编制应当真实完整、重点突出、记录清晰

工作底稿反映的内容和情况应当是实际存在和实际发生的，强调评估委托事项、评估对象、评估程序实施过程的真实性。工作底稿所反映的评估内容是完整的。要求工作底稿内容真实，而且要求全面反映评估程序实施过程，不能遗漏。虽然工作底稿的编制要求其真实完整，但也应当依据重要性原则重点突出一些具有重大影响的内容。重点突出是指评估工作底稿应当力求反映对评估结论有重大影响的内容，要求对工作底稿中支持评估结论的资料要突出，凡对评估结论有重大影响的文件资料和现场调查、评定估算过程，都应当形成工作底稿。同时，工作底稿的记录内容和记录字迹要清晰可辨认，便于后续审核查看。

4. 委托人和其他相关当事人提供的档案应由提供方确认

数据资产评估中，有相当占比的工作底稿是由委托方和相关当事方所提供，有些是反映委托方基本情况的重要资料需要提供方进行确认；有些是用于确定评估范围，也需要提供方予以确认。确认方式包括签字、盖章或者法律允许的其他方式。提供资料的一方，原则上应当对资料的真实性、完整性、合法性负责。资产评估专业人员收集委托人和相关当事人提供的重要资料作为工作底稿，应当由提供方对相关资料进行确认，确认方式包括但不限于签字、盖章，以及法律允许的其他方式。

5. 工作底稿中应当反映内部审核过程

工作底稿应详细记录评估机构内部及外部专家对资产评估报告的审核情况，包括审核意见以及评估专业人员对相关意见的处理信息。这有助于确保评估报告的准确性和合理性，同时也能为评估机构提供改进和优化的依据。通过反映内部审核过程，工作底稿能够进一步提升评估工作的专业性和可信度。

6. 工作底稿应当编制目录和索引号

细化的工作底稿种类繁多，不编制索引号和页码将很难查找，利用交叉索引和备注说明等形式能完整地反映工作底稿间的勾稽关系并避免重复。资产评估专业人员应当根据评估业务特点和工作底稿类别，编制

工作底稿目录，建立必要的索引号，以反映工作底稿间的勾稽关系。

第三节　档案的归集与管理

数据资产评估档案的归集与管理十分重要，有效健全的档案归集与管理制度能够保证数据资产评估档案真实完整，能够有效地保证档案的安全和持续使用。

一、归集的概念

1. 档案归集的概念

数据资产评估的档案归集，是指将资产评估机构在开展数据资产评估业务过程中形成的，反映资产评估程序实施情况、支持评估结论的工作底稿、资产评估报告及其他相关资料进行收集、整理、归档的过程。这一过程是确保评估结果可追溯性、评估过程透明度的关键环节。

2. 档案归集的意义

数据资产评估档案的归集具有多重意义，一是提高评估效率，归集数据资产评估档案可以使得评估人员更快地获取所需的历史数据和信息。在数据资产评估过程中，经常需要查阅过往的评估记录、市场数据、权属证明等资料。通过档案的归集和整理，这些资料能够有序地存储和快速检索，从而显著减少收集数据的时间和人力成本，提高评估工作的整体效率。二是确保信息准确性和完整性，归集数据资产评估档案有助于确保评估过程中使用的信息的准确性和完整性。在评估过程中，任何数据的错误或遗漏都可能导致评估结论的偏差。通过档案的归集和整理，可以系统地检查和核实评估数据，及时发现和纠正数据中的错误和偏差，从而确保评估结论的准确性和可靠性。三是增强可追溯性和透明度，归集数据资产评估档案可以增强评估工作的可追溯性和透明度。

评估档案详细记录了评估程序的实施情况和评估结论的形成过程，这使得在需要时可以对评估过程进行复查和审核。这种可追溯性不仅有助于确保评估工作的公正性和合法性，还能提高评估报告的可信度，增强投资者和其他利益相关者的信心。

二、数据资产评估档案归集的要求

1. 完整性

完整性是数据资产评估档案归集的基本要求之一，它要求归集的档案必须全面、完整地反映评估项目的全过程。具体来说，完整性包括评估项目的全面覆盖、信息的详尽记录和资料的完整性三个方面：

第一是评估项目的全面覆盖，归集的档案应涵盖评估项目的所有重要环节，包括评估目的、评估对象、评估方法、评估依据、评估假设、评估程序、评估结论等。这些环节是评估项目不可或缺的组成部分，必须全部记录在档案中。

第二是信息的详尽记录，对于每个评估环节，档案中应包含详尽的信息。例如：评估目的应明确说明评估的初衷和期望达到的目标；评估对象应详细描述被评估的数据资产的特征和属性；评估方法应阐述采用的评估技术和手段；评估依据应列出评估过程中参考的所有资料和数据；评估假设应明确评估过程中所做的所有假设条件；评估程序应记录评估过程的每一步操作；评估结论则应总结评估结果和发现。

第三是资料的完整性，除了评估过程的信息外，归集的档案还应包括与评估项目相关的所有资料，如评估委托合同、评估计划、重大问题处理记录、经济行为批准文件等。这些资料是评估过程的重要补充和说明，有助于全面了解评估项目的背景和细节。

2. 准确性

准确性是确保评估结论可靠性和有效性的关键。归集的档案必须准确无误，所有资料和数据必须经过严格核实和验证。具体来说，准确性包括数据的真实性、信息的准确性和核实的严格性三个方面。

一是数据的真实性。归集的档案中包含的数据必须真实可靠，不得虚构或篡改。数据应来源于可靠的渠道，并经过适当的处理和验证，以确保其准确性。

二是信息的准确性。除了数据外，档案中的其他信息也必须准确无误。例如，评估对象的描述应与实际相符，评估方法的阐述应准确反映实际采用的手段，评估结论的总结应客观、公正地反映评估结果。

三是核实的严格性。为了确保准确性，必须对归集档案中的所有资料和数据进行严格的核实和验证。这包括对数据来源的追溯、对数据处理过程的审查、对评估方法的验证等。只有经过严格核实的资料和数据才能被归入档案中。

3. 规范性

规范性是确保评估过程合规性和档案质量的重要保障。归集的档案应符合相关法律法规和行业标准的要求，同时档案的格式、编号、存储等也应遵循一定的规范。具体来说，规范性包括法律法规的遵循、行业标准的符合和档案格式的统一三个方面。

一是法律法规的遵循。归集的档案必须遵守相关法律法规的规定，确保评估过程的合法性和合规性。例如，必须遵循数据保护法规，确保个人数据的安全和隐私；必须遵守资产评估行业的标准和规范，确保评估过程的公正性和准确性。

二是行业标准的符合。除了法律法规外，归集的档案还应符合资产评估行业的标准和规范。这些标准和规范为评估过程提供了指导和框架，有助于确保评估结果的一致性和可比性。

三是档案格式的统一。为了便于管理和利用，归集的档案应采用统一的格式。这包括文档的排版、字体、字号等方面的规范，以及档案编号、存储位置等方面的规定。统一的格式有助于提高工作效率和档案质量。

4. 保密性

保密性是确保档案安全性和机密性的重要要求。由于归集的档案可能包含敏感信息，如企业的商业秘密、个人的隐私数据等，因此必须采取严格的保密措施。具体来说，保密性包括访问控制的实施、存储环境的安全性和保密制度的建立三个方面。

一是访问控制的实施。为了防止未经授权的访问和泄露，必须对归集的档案实施严格的访问控制。这包括设置访问权限、采用加密技术、建立防火墙等措施，以确保只有经过授权的人员才能访问档案。

二是存储环境的安全性。归集的档案应存储在安全的环境中，以防止物理损坏、盗窃或泄露。这包括选择合适的存储介质、建立备份和恢复机制、定期进行安全检查等措施。

三是保密制度的建立。为了确保保密性，必须建立相应的保密制度。这包括制定保密政策、明确保密责任、建立保密培训机制等，以提高员工的保密意识和技能水平。

三、归集的内容

1. 工作底稿

工作底稿是评估过程中最为基础和核心的资料，它详细记录了评估程序的实施情况和评估结论的推导过程。工作底稿主要包括现场调查记录、收集的评估资料和评定估算过程记录三项内容。

一是现场调查记录，包括现场勘查记录、委托人提供的资料、书面询问记录和函证记录。现场勘查记录指的是记录评估人员对评估对象进行的实地考察情况，包括评估对象的位置、状况、使用环境等详细信息。委托人提供的资料指的是包括评估对象的权属证明、历史财务数据、预测数据、审计报告等，这些资料为评估提供了重要的背景信息和依据。书面询问记录指的是针对评估过程中发现的疑问或需要确认的事项，向委托人或其他相关方进行的书面询问及回复记录。函证记录指的是通过函件形式向第三方（如银行、税务机关等）获取的与评估对象相关的证明文件或信息。

二是收集的评估资料，包括市场调查及数据分析资料、询价记录和专家鉴定及专业人士报告。市场调查及数据分析资料是指包括行业报告、市场趋势分析、竞争对手数据等，用于评估评估对象的市场价值。询价记录是指针对评估对象进行的询价过程及结果记录，用于确定评估对象的公允价值。专家鉴定及专业人士报告是指如需要，可能还包括专家对评估对象的鉴定意见或专业人士的相关报告。

三是评定估算过程记录，包括评估方法的选择及运用、重要参数的选取和形成过程、价值分析及计算和判断过程、与委托人或相关当事人的沟通记录。评估方法的选择及运用指记录评估过程中采用的评估方法（如成本法、市场法、收益法等）及其选择理由。重要参数的选取和形成过程指如折现率、增长率、成新率等关键参数的确定依据和计算过程。价值分析、计算和判断过程指详细记录评估人员如何进行价值分析、计算和判断，以得出评估结论。与委托人或相关当事人的沟通记录指记录评估过程中与委托人或相关当事人就评估事项进行的沟通情况，包括沟通内容、意见反馈等。

2. 资产评估报告

资产评估报告是评估结果的最终呈现形式，它详细阐述了评估过程、评估方法、评估结论及评估依据。资产评估报告主要包括以下内容。

一是初步资产评估报告，在评估过程中形成的初步结论性文件，用于内部审核和与委托人或相关当事人沟通。

二是正式资产评估报告，经过内部审核和与委托人或相关当事人沟通后形成的最终报告，用于对外披露或提交给相关监管部门。

资产评估报告应包含评估目的、评估对象、评估范围、评估基准日、评估原则、评估依据、评估方法、评估过程、评估结论、特别事项说明、评估基准日期和重大事项、评估报告法律效力及提出日期等关键要素。

3. 其他相关资料

除了工作底稿和资产评估报告，其他一些相关资料也需要归集，以确保评估过程的完整性和可追溯性。这些资料主要包括评估委托合同、评估计划、重大问题处理记录和经济行为批准文件。评估委托合同是指明确委托方和评估机构之间的权利义务关系，是评估工作的法律依据。评估计划是指评估机构在评估开始前制订的详细工作计划，包括评估目标、评估范围、评估方法、评估时间表等。重大问题处理记录是指在评估过程中遇到的重大问题及其处理情况的记录，用于反映评估过程的复杂性和评估人员的专业能力。经济行为批准文件是指如评估项目涉及国有资产转让、企业并购等经济行为，可能需要提供相关的经济行为批准文件作为评估依据。

四、归集的关键步骤

数据资产评估的档案归集是一个细致且系统的过程，涉及资料收集、资料整理、审核确认和归档保存四个关键步骤。

1. 资料收集

资料收集包括明确收集范围、建立收集机制和实施收集工作三项内容。其中，明确收集范围是指在评估项目开始之前，明确需要收集的资料范围，包括工作底稿、资产评估报告、评估委托合同、评估计划、重大问题处理记录、经济行为批准文件等。同时，需要根据评估项目的特点和要求，确定需要收集的具体资料和数据类型。建立收集机制是指需要设立专门的资料收集小组或指定专人负责资料收集工作，同时，需要制订资料收集的时间表和计划，确保及时、全面地收集所需资料。实施收集工作是指通过现场调查、书面询问、函证、专家鉴定等方式，收集与评估项目相关的所有资料，确保收集的资料真实、准确、完整，符合评估项目的需求和标准。

2. 资料整理

资料整理是档案归集的重要环节，涉及分类整理、编号与标注和建立索引三项内容。一是分类整理。对收集到的资料进行分类整理，按照评估项目的不同阶段、不同内容或不同来源进行划分，为每类资料建立相应的文件夹或目录，便于后续查找和使用。二是编号与标注。对每份资料进行编号，确保每份资料都有唯一的标识符，在资料上标注相关信息，如资料名称、来源、收集时间等，便于识别和追踪。三是建立索引。根据资料的分类和编号，建立资料索引表或数据库，记录资料的基本信息和存储位置，索引表或数据库应便于查询和更新，确保资料的可访问性和可追溯性。

3. 审核确认

对收集到的资料进行审核是确保档案真实性的重要环节，也是档案归集的重要环节，对收集到的资料进行审核确认包括初步审核、初步审核和最终确认三步。第一步是初步审核，对整理后的资料进行初步审核，检查资料的完整性和准确性，如发现资料缺失或错误，及时与相关资料提供方沟通，进行补充或修正。第二步是初步审核，邀请评估专家或专业人士对资料进行专业审核，确保评估方法的合理性、评估结论的准确性和评估依据的充分性，并根据专业审核意见，对资料进行必要的调整和完善。第三步是最终确认，在初步审核和专业审核的基础上，对资料进行最终确认，确保所有资料都符合评估项目的需求和标准，为归档保存做好准备。

4. 归档保存

归档保存是档案归集最终也是最重要的环节，这一环节包括选择存储方式、制定归档规则、实施归档操作、建立档案管理系统和定期维护与更新五项内容。一是选择存储方式，根据资料的类型和用途，选择合适的存储方式。如纸质资料可存放在文件柜中，电子资料可存储在服务器或云存储平台中。二是制定归档规则，制定详细的归档规则，包括资料的分类、编号、存储位置、保管期限等，确保归档规则的科学性和合理性，便于资料的查找和使用。三是实施归档操作，按照归档规则，将审核确认后的资料进行分类、编号和存储，在存储过程中，注意保护资料的物理安全和电子安全，防止资料丢失、损坏或泄露。四是建立档案管理系统，利用现代信息技术手段，建立档案管理系统或数据库，实现资料的电子化管理和查询，档案管理系统应具备资料上传、下载、查询、统计等功能，提高资料管理的效率和便利性。五是定期维护与更新，定期对归档的资料进行维护和更新，确保资料的时效性和准确性，如发现资料过时或错误，及时进行修正或替换。

五、数据资产评估档案的保密与查阅

1. 档案保密的概念与意义

数据资产评估档案保密是指在进行数据资产评估过程中，对所产生的各类档案信息，包括但不限于评估报告、数据资料、工作底稿、客户信息等，采取一系列管理措施和技术手段，以确保这些信息不被未经授权的人员获取、使用或泄露的过程。这一概念的核心在于保护评估档案的机密性、完整性和可用性，防止因信息泄露而给相关方带来经济损失、法律纠纷或声誉损害。

数据资产评估档案保密的意义重大。一是维护评估的公正性和当事人的合法权益。资产评估档案是评估过程的重要记录，包含了评估方法、数据、结论等敏感信息。保密制度可以防止档案信息泄露，确保评估的公正性不受外界干扰。同时，对于涉及商业秘密或个人隐私的档案，保密更是对当事人合法权益的尊重和保护。二是保护企业的商业秘密和客户的隐私。数据资产评估档案中可能包含企业的商业秘密和客户的隐私信息。如果这些信息泄露，将对企业和客户的利益造成严重损害。三是保障国家安全和公共利益。在某些情况下，数据资产评估档案可能涉及国家安全或公共利益。此时，保密制度需要做出例外安排，以保障国家安全或公共利益的维护。例如，对于涉及国防、科技等敏感领域的数据资产评估档案，必须严格按照国家相关法规进行保密管理。四是促进资产评估行业的健康发展。保密制度可以规范资产评估机构和从业人员的行为，防止不正当竞争和违法违规行为的发生。同时，保密制度还可以提升资产评估行业的公信力和专业形象，促进资产评估行业的健康发展。

2. 档案保密的要求

数据资产评估档案保密的要求主要包括保密制度建设、信息分类与密级管理、访问控制与权限管理、物理安全与网络安全和监督与检查五个方面。

一是保密制度建设。建立健全保密管理组织机构，明确保密管理的责任部门和具体人员，统一领导，分工协作。结合本单位实际情况，制定详细的保密管理制度，明确保密范围、保密措施、保密责任等。此外，对涉及资产评估信息的管理人员定期开展保密教育培训，提高保密意识和技能。

二是信息分类与密级管理。对所有涉密资产评估信息进行分类管理，根据信息的重要性、敏感性等因素设置不同的密级。同时，对重要信息进行密级、分级保护，严格控制信息的传输和使用。

三是访问控制与权限管理。制定严格的档案访问权限和审批流程，确保只有授权人员才能访问和获取档案信息。对档案管理人员和评估人员进行权限分配，确保档案管理人员和评估人员只能访问与其工作相关的档案信息。

四是物理安全与网络安全。物理安全是指加强档案存储环境的安全管理，防止档案信息被非法获取或破坏。网络安全是指利用先进的保密技术手段，建立完善的信息保障系统，防范外部黑客攻击和泄密风险。对存储在档案管理系统的文件采取加密措施来保护数据的安全。

五是监督与检查。建立健全安全监督和检查机制，定期对资产评估信息安全进行检查和审核，对发现的安全隐患及时整改，并对严重违规者进行严肃处理。

3. 档案查阅的要求

数据资产评估档案如果涉及客户的商业秘密，评估机构、资产评估专业人员有责任为客户保密。数据资产评估档案的管理应当严格执行保密制度。除下列情形外，资产评估档案不得对外提供。

第一，国家机关依法调阅数据资产评估档案。

第二，资产评估协会依法依规调阅数据资产评估档案。

第三，其他依法依规查阅数据资产评估档案的情况。

如果本机构评估专业人员需要查阅评估档案，应按规定办理借阅手续。

第四节 某市国投公司的子公司因数据资产评估档案归集管理不善致财务造假案例

一、案例概述

某市国投公司下属的一家子公司在融资过程中，因需要对一栋大楼进行资产评估以作为其融资担保，但该公司与资产评估机构串通，提供了虚假证明文件，导致大楼这项资产被溢价高估。这一行为不仅违反了资产评估的诚信原则，也严重损害了国有资产的保值增值。由于数据资产评估档案的归集管理不善，相关评估报告和证明文件未能得到妥善保存和审核，最终导致了这一财务造假事件的发生。

二、负面影响

1. 国有资产流失

由于资产评估结果被高估，政府在征收该大楼时支付了过高的溢价，直接导致了国有资产的流失。这不仅损害了国家的经济利益，也影响了国有资产配置的公平性和效率。

2. 市场信任度下降

此事件曝光后，市场对相关企业和资产评估机构的信任度大幅下降。投资者和合作伙伴对涉及该企业和机构的交易更加谨慎，甚至可能选择回避，从而影响了企业的声誉和业务发展。

3. 法律风险和处罚

参与财务造假的企业和资产评估机构面临严重的法律风险和处罚。

根据相关法律法规，他们可能需要承担民事责任、行政责任甚至刑事责任，包括罚款、吊销执业资格等。

4. 行业声誉受损

此事件也对整个资产评估行业造成了负面影响。公众和业界对资产评估的公正性和准确性产生怀疑，影响了行业的整体形象和声誉。

三、案例教训

1. 加强数据资产评估档案的归集管理

企业应建立健全数据资产评估档案的归集管理制度，确保评估报告、证明文件等相关资料的完整性和准确性。同时，应加强对这些资料的审核和保存，防止被篡改或丢失。

2. 提高评估机构和人员的专业素养和诚信意识

评估机构和人员应具备高度的专业素养和诚信意识，严格遵守职业道德和法律法规，确保评估结果的客观、公正和准确。

3. 加强监管和处罚力度

政府和监管部门应加强对资产评估行业的监管力度，对违规行为进行严厉打击和处罚。同时，应建立健全举报和投诉机制，鼓励公众和业界积极参与监督。

4. 推动行业自律和规范化发展

资产评估行业应积极推动行业自律和规范化发展，建立健全行业标准和规范体系，提高行业整体的服务质量和公信力。

✏️ **小贴士**

资产评估报告档案管理标准

资产评估报告档案管理标准主要包括以下六个方面。

一、档案收集标准

（1）档案的完整性。要确保收集与资产评估项目相关的所有文

件和资料，包括但不限于评估报告、工作底稿、委托合同、产权证明、市场调研资料、专家意见等。对于电子文档，应同时收集相关的元数据，以保证文档的可追溯性和完整性。

（2）档案的准确性。要对收集的文件和资料进行认真核对，确保其内容准确无误，特别是评估报告中的数据、结论和建议等关键信息，应经过严格的审核和验证。

（3）档案的及时性。在资产评估项目完成后，应及时收集和整理相关档案，确保档案的时效性。对于需要补充或更新的档案，应及时进行处理，以保证档案的完整性和准确性。

二、档案整理标准

（1）档案整理要分类合理。应当根据资产评估报告的类型、评估对象、评估方法等因素，对档案进行合理分类，可以采用多级分类的方式，以便于档案的管理和检索。

（2）档案整理要编号规范。应当为每个档案编制唯一的编号，编号应具有一定的规律性和可识别性。编号可以采用字母、数字或符号的组合方式，以便于档案的存储和检索。

（3）档案整理要装订整齐。对纸质档案进行装订时，应保证装订整齐、牢固，便于长期保存，可以采用线装、胶装或骑马订等装订方式，根据档案的厚度和重要性选择合适的装订方式。

三、档案存储标准

（1）档案的存储环境方面。需要选择安全、可靠的存储环境，确保档案的安全和完整。存储环境应具备防火、防潮、防虫、防盗等功能，温度和湿度应控制在适宜的范围内。

（2）档案的存储介质方面。对于纸质档案，可以采用档案柜、档案盒等存储介质进行存储。对于电子档案，可以采用硬盘、光盘、磁带等存储介质进行存储，并定期进行备份，以防止数据丢失。

（3）档案的存储期限方面。要根据国家有关规定和资产评估行业的要求，确定档案的存储期限。对于重要的档案，应延长存储期限，确保档案的可追溯性和历史价值。

四、档案检索标准

（1）检索方式。应当提供多种检索方式，方便用户快速查找所需档案。可以采用目录检索、关键词检索、全文检索等方式，根据用户的需求和习惯选择合适的检索方式。

（2）检索效率。需要优化检索算法，提高检索效率，确保用户能够在最短的时间内找到所需档案，可以采用索引技术、数据库技术等手段，提高档案的检索速度和准确性。

（3）检索结果。检索结果应准确、完整，能够满足用户的需求。对于检索结果中的档案，应提供详细的信息和链接，方便用户查看和下载。

五、档案利用标准

（1）档案的利用权限。应当建立严格的档案利用权限管理制度，确保档案的安全和机密性。同时根据用户的身份和需求，确定其对档案的利用权限，包括查阅、复制、下载等。

（2）档案的利用登记。对档案的利用情况进行登记，记录利用者的身份、利用时间、利用目的等信息，以便于对档案的利用情况进行统计和分析，为档案管理提供参考依据。

（3）档案的利用反馈。应当收集用户对档案利用的反馈意见，及时改进档案管理工作，可以通过问卷调查、座谈会等方式，了解用户对档案利用的满意度和需求，为提高档案服务质量提供依据。

六、档案销毁标准

（1）档案的销毁程序。建立严格的档案销毁程序，确保档案的安全和合法销毁。档案销毁前，应进行认真审核和审批，确定档案是否符合销毁条件。

（2）档案的销毁方式。需要选择安全、环保的档案销毁方式，确保档案的彻底销毁，可以采用粉碎、焚烧、化浆等方式进行档案销毁，对于电子档案，可以采用物理销毁和逻辑销毁相结合的方式进行销毁。

（3）档案的销毁记录。应当对档案销毁的过程进行记录，包括销毁时间、地点、方式、监销人等信息。销毁记录应作为档案管理的重要资料进行保存，以备查阅。

第九章

数据资产评估保障
体系

▶▶▶▶

　　数据资产评估保障体系的意义在于确保数据资产评估的准确性、公正性、透明度和规范性，从而推动数据要素市场化配置和数字经济高质量发展。

第一节　评估安全体系

评估安全，通常指的是对系统、网络、应用或设备的安全性进行评估的过程。这一过程旨在识别并评估潜在的安全威胁和漏洞，为组织提供关于如何保护其系统和数据的建议，并帮助组织满足相关法规要求。安全评估的范围广泛，包括对硬件、软件、网络、人员和流程等多个方面的评估，以确保系统的完整性和保密性。

评估安全体系是一个综合性的评估框架，用于衡量和提升组织在安全管理方面的绩效。它不仅关注单一的安全事件或漏洞，而且从整体上考虑组织的安全管理策略、流程、技术和人员等方面。

一、评估安全体系的概念与意义

1. 评估安全体系的概念

数据资产评估安全体系是指为数据资产评估活动建立和实施的一系列安全保护机制、流程和控制措施。这些机制、流程和控制措施旨在保护数据资产在评估过程中不受未经授权的访问、使用、泄露、篡改或破坏，确保评估结果的准确性和可靠性，并符合相关法律法规和行业标准的要求。

2. 评估安全体系的意义

数据资产评估安全体系可以为企业决策提供可靠依据，并保护企业的数据资产不受损害。其意义体现在以下几个方面。

第一，保障数据资产评估的准确性。数据资产评估安全体系通过实施一系列安全措施，如数据加密、访问控制、安全审计等，确保评估过程中数据的真实性和完整性。这有助于避免数据被篡改或伪造，从而保障评估结果的准确性。准确的评估结果能够为企业提供更可靠的决策依据，有助于企业更好地了解自身数据资产的价值和潜力。

第二，保护企业数据资产的安全。数据资产评估往往涉及企业的大量敏感数据和商业机密。数据资产评估安全体系能够确保这些数据在评估过程中得到妥善保护，防止数据泄露、滥用或非法访问。这有助于维护企业的商业利益和竞争优势，避免因数据泄露而导致的经济损失和声誉损害。

第三，提高数据资产利用率。通过数据资产评估安全体系，企业可以更全面地了解自身数据资产的情况，包括数据的质量、价值、潜在风险等。这有助于企业更好地规划和利用数据资产，提高数据资产的利用率和价值。同时，安全体系还可以帮助企业发现数据资产中的潜在问题，及时采取措施进行整改和优化。

第四，增强企业合规性和信誉度。数据资产评估安全体系符合相关法律法规和行业标准的要求，能够增强企业的合规性和信誉度。在数字化时代，数据安全和隐私保护越来越受到关注。企业建立和实施数据资产评估安全体系，表明企业对数据安全和隐私保护的重视，有助于提升企业的社会形象和信誉度。

第五，促进数据资产交易和流通。数据资产评估安全体系为数据资产的交易和流通提供了安全保障。在数据交易和流通过程中，数据的安全性和隐私保护是至关重要的。通过建立和实施数据资产评估安全体系，企业可以确保数据在交易和流通过程中的安全性和合规性，降低交易风险，促进数据资产的交易和流通。

二、评估安全体系的内容

数据资产评估安全体系是针对资产评估申请、资产评估执行、资产归档与销毁等过程制定的制度与规范，确保流程、操作的规范性和安全性，包括数据资产评估权限体系、数据资产评估审核审批体系、数据资产评估执行控制体系及数据资产评估监控体系。

1. 数据资产评估权限体系

数据资产评估权限体系是指对数据资产进行评估过程中涉及的各种权限设置和管理机制，旨在确保评估活动的合法性、公正性、准确性和安全性。数据资产评估权限体系针对评估任务申请方、评估任务勘察组织、评估任务认定组织、评估任务审批组织及评估任务执行等不同团队的权限体系，规范各团队、成员可接触、访问的数据资产任务及数据资产范围。在构建和实施这一体系时，应充分考虑相关法律法规和评估准则的要求，明确各参与方的权限和责任，确保评估活动的顺利进行和评估结果的有效性。

2. 数据资产评估审核审批体系

数据资产评估审核审批体系是确保数据资产评估过程规范、公正、准确的关键机制。数据资产评估审核审批体系针对不同特性的数据资产评估任务，制定多条线的审核审批流程及流程执行规范，根据数据资产的行业性、评估需求差异、体量差异、勘察结果，执行相应的审核审批流程。在构建和实施这一体系时，应充分考虑相关法律法规和评估准则的要求，确保评估活动的合法合规性；同时，还应注重评估主体的独立性、数据资产的安全性和保密性、评估方法的适用性以及审核审批的严格性等方面的问题。

3. 数据资产评估执行控制体系

数据资产评估执行控制体系是指为确保数据资产评估活动按照预定计划、程序和标准顺利进行而建立的一系列控制机制，通过对访问权限、数据沙箱、安全策略、操作规范等方面的约束，评估过程的规范性、准确性和效率，确保评估结果的客观性和公正性。在构建和实施这一体系时，应充分考虑合规性、独立性、数据资产的安全性和保密性、评估方法的适用性和准确性、沟通与协调的有效性以及持续监控与改进等方面的问题。

4.数据资产评估监控体系

数据资产评估监控体系是指对数据资产评估过程进行全面监控和管理的机制，旨在确保评估活动的合法性、公正性、准确性和高效性。数据资产评估监控体系针对资产评估的申请、勘察、审核、执行过程制定的多层次监控指标及规范，确保数据资产评估全流程的可控、可查、可追溯。在构建和实施这一体系时，应充分考虑合规性、独立性、技术先进性、灵活性与适应性以及持续改进与优化等方面的问题。

三、数据安全管控的概念与意义

1.数据安全管控的概念

数据安全管控是指企业为保护其数据资产免受未经授权的访问、使用、泄露、破坏或篡改而采取的一系列管理、技术和操作流程。它涵盖了数据的全生命周期，包括数据的收集、存储、处理、传输和销毁等环节。

2.数据安全管控的意义

数据安全管控的意义在于全面保护企业的数据资产，确保数据的完整性、机密性和可用性，从而为企业带来多方面的积极影响。一是保护企业核心资产，数据已成为企业的核心资产之一，包含商业机密、客户信息、研发数据等敏感信息。数据安全管控能够确保这些数据不被未经授权的人员访问、泄露或滥用，从而保护企业的核心竞争力和商业利益。二是维护企业声誉和信誉，数据泄露或安全事件往往会对企业的声誉和信誉造成严重影响。通过实施数据安全管控，企业可以降低数据泄露和安全事件的风险，维护自身的声誉和信誉，增强客户、合作伙伴和投资者的信任。三是遵守法律法规和行业标准，随着数据保护法规的不断完善和加强，企业需要确保其数据处理活动符合相关法律法规和行业标准的要求。数据安全管控有助于企业遵守这些规定，避免因违规行为而面临的法律风险和罚款。四是提高业务运营效率和效果，数据安全管控可以确保数据的准确性和完整性，提高数据的质量和可靠性。这有助于企业在业务运营中做出更明智的决策，提高运营效率和效果，从而催生更好的业务成果。五是促进数字化转型和创新，数字化转型和创新的过程中，数据的安全性和隐私保护是至关重要的。数据安全管控可以为企业的数字化转型和创新提供安全保障，降低数据安全风险，推动企业更好地利用数据来推动业务发展和创新。六是增强客户信任和忠诚度，客户数据的保护对于企业来说至关重要。通过实施数据安全管控，企业可以确保客户数据的安全性和隐私保护，增强客户对企业的信任和忠诚度，从而有助于维护和拓展客户关系。

四、数据安全管控的内容

数据安全管控的内容广泛且深入，其中敏感数据的处理以及数据安全管控技术手段是其核心组成部分。

1. 敏感数据处理

敏感数据处理涉及全生命周期的各个环节，旨在确保这些数据在处理过程中得到妥善保护，防止数据泄露、滥用或非法访问。

第一，敏感数据识别与分类。首先，企业需要明确哪些数据属于敏感数据。敏感数据通常包括个人信息（如姓名、地址、电话号码、身份证号码等）、财务信息、商业机密、知识产权等。通过制定敏感数据识别标准，企业可以准确地识别出需要特别保护的数据。对识别出的敏感数据进行分类管理，根据不同的敏感级别采取相应的保护措施。例如，将高度敏感的数据存储在更安全的系统中，并实施更严格的访问控制。

第二，敏感数据存储安全。对敏感数据进行加密存储，即使数据被非法获取，也无法轻易读取其内容。加密技术可以应用于文件、数据库、网络通信等多个层面。实施严格的访问控制策略，确保只有授权人员才能访问敏感数据。通过身份验证、授权和权限管理等措施，限制对数据的访问和使用。定期备份敏感数据，并确保备份数据的安全性。在数据丢失或损坏时，能够及时恢复数据，减少损失。

第三，敏感数据使用安全。在处理敏感数据时，应遵循最小化原则，即只收集、使用和处理完成业务所必需的最少数据。避免过度收集和处理敏感数据，减少数据泄露的风险。在需要公开或共享敏感数据时，应进行脱敏处理。脱敏处理可以通过掩码、替换等方式隐藏敏感信息，以保护个人隐私和商业机密。对敏感数据的使用情况进行监控和审计，及时发现异常行为和安全事件。通过记录和分析数据访问和操作日志，可以追溯数据泄露的源头，并采取相应的补救措施。

第四，敏感数据传输安全。在数据传输过程中使用加密技术，确保数据在传输过程中不被窃取或篡改。可以采用 SSL/TLS 等安全协议来保护数据传输的安全。建立安全的数据传输通道，如 VPN（虚拟专用网络），以确保数据在传输过程中的安全性和隐私保护。

第五，敏感数据销毁与归档。对于不再需要的敏感数据，应采用安全的方式进行销毁，以防止数据泄露。销毁方法包括物理销毁（如粉碎硬盘）和逻辑销毁（如多次覆盖数据）。对于需要长期保存的敏感数据，应建立合规的归档机制。归档数据应存储在安全的位置，并限制对归档数据的访问。同时，应定期对归档数据进行审查和更新，以确保数据的准确性和完整性。

第六，敏感数据安全意识与培训。企业应加强对员工的数据安全意识培训，使员工了解敏感数据的重要性以及泄露敏感数据的后果。通过培训，提高员工对数据安全的认识和重视程度。组织定期的数据安全演练和模拟攻击活动，让员工在模拟环境中体验信息泄密的风险和后果，从而更加重视信息安全工作。

第七是敏感数据处理方法，对于敏感数据，通常有六种处理方法。一是敏感数据识别管理，利用爬虫技术分析数据库、文件夹、文件中的数据，分析其中的敏感数据匹配度，以得到敏感数据资产。利用日志和流量分析技术，分析应用前台访问日志，进而识别敏感数据。二是敏感数据模糊化处理，在数据资产评估过程中，按照模糊化规则对敏感信息数据的展现进行模糊化处理，确保低权限账号无法直接查看模糊化前的原始信息。就每个模糊化规则的设定来说，其主要过程包含敏感数据要素分解、关键位置标注及模糊规则定义等内容。三是敏感数据资产评估监控，正常数据资产评估监控主要包括前台敏感数据资产评估异常监控、后台敏感数据访问异常监控等。监控方式主要采取阈值比对方法，将指定周期内对查询和导出等敏感数据访问操作行为的访问量与阈值进行比对，发现超出阈值的访问情况。四是敏感数据绕行监控，敏感数据绕行监控主要包括前台敏感数据绕行监控、后台敏感数据绕行监控等。五是敏感数据审计管理，审计系统对敏感数据访问日志进行采集，并通过相关字段进行关联定位自然人身份、泄露源，以便能够根据泄露内容对泄露事件进行溯源。六是敏感数据文件夹管控，评估人员维护敏感数据资源文件可通过单点登录管控文件夹的方式直接操作敏感数据源文件，达到敏感数据专人专管，不能随意修改、复制的目的。

2. 数据安全管控技术手段

数据安全管控的技术手段有三种，包括数据标记水印技术、区块链交易系统，以及数据防护和数据回收技术。

一是数据标记水印技术。数据水印技术是一种嵌入在数据中的不可见标记，用于跟踪数据的来源、使用情况或验证数据的真实性。它允许在不明显改变原始数据的情况下，加入标识信息，从而帮助识别版权、监控数据泄露或检测篡改。数据水印广泛应用于电影、音乐、摄影等行业，以保护知识产权。例如，在电影制片厂会在预览版中嵌入水印，如果泄露版本被检测到，可以通过水印追踪到责任方。数据水印技术具有非加密性，主要用于版权保护而非数据加密。通过数据水印，可以实现数据验证、数据权属等认定功能，为数据的安全流通和版权保护提供有力支持。

二是区块链交易系统。区块链智能交易模式是基于区块链技术的一种新型交易机制，通过智能合约自动执行交易协议，实现去中心化的资产交易和信息流通。利用区块链技术的不可篡改性和加密特性，确保交易的安全性，同时可以将数据转化为可交易的资产，提高数据的商业价值。通过智能合约自动执行交易协议，保证交易的公正性和透明性，制定和执行数据流通的管控策略，确保数据在流通过程中的安全性和合规性。区块链交易系统能够提高数据交易的安全性和效率，降低交易成本和时间。同时，通过智能合约和分布式账本技术，实现数据的透明度和可追溯性，为数据资产化和流通管控提供有力支持。

三是数据防护和数据回收技术，数据防护技术是指通过加密、访问控制、安全审计等手段保护数据免受未经授权的访问和泄露。数据回收技术则是指在数据不再需要时，能够安全地删除或销毁数据，防止数据泄露和滥用。采用多种技术手段对平台数据进行全面保护，包括加密存储、访问控制、安全审计等。同时，在数据生命周期结束时，能够安全地删除或销毁数据，确保数据不被非法获取和利用。数据防护和数据回收技术共同构成了数据安全防护的闭环管理。通过全面保护数据安全并确保数据在生命周期结束时的安全回收，有效降低数据泄露和滥用的风险。

五、评估安全机制建设

1. 评估安全机制的概念与意义

数据资产评估安全机制是指通过一系列的方法和流程，对组织内的数据资产进行全面评估，以确定其价值、潜在风险及安全状况，并据此制定和实施相应的安全措施和管理策略。

数据资产评估安全机制对于保障数据安全、提升数据价值、促进合规性、增强组织竞争力以及推动数字化转型等方面具有重要意义。一是保障数据安全，通过对数据资产进行全面评估，可以及时发现和消除潜在的安全风险和隐患，防止数据泄露、损坏或非授权访问等安全事件的发生，从而保障数据资产的安全。二是提升数据价值，通过评估数据资产的价值和重要性，可以更好地了解数据的商业价值，为数据资产的合理利用和开发提供决策支持，提升数据资产的价值。三是促进合规性，数据资产评估安全机制可以确保数据资产的管理和使用符合相关的法律法规和行业标准，避免因违规行为而带来的法律风险和经济损失。四是增强组织竞争力，有效的数据资产评估安全机制可以提升组织的数据管理能力，增强组织在市场竞争中的优势。通过保护数据资产的安全和隐私，可以建立客户信任，提升品牌形象，从而增强组织的竞争力。五是推动数字化转型，随着数字化时代的到来，数据已成为企业的重要资产之一。有效的数据资产评估安全机制可以为企业数字化转型提供有力支持，推动企业更好地利用数据来推动业务发展和创新。

2. 评估安全机制的内容

评估安全机制的内容广泛，涵盖了从安全管理体系、安全措施、安全风险、安全目标评估到安全意识与培训等多个方面。通过全面评估这些内容，可以确保系统、设备、项目或活动的安全性，并为其持续改进提供决策支持。

一是安全管理体系评估，评估组织是否制定了明确的安全政策和程序，以及这些政策和程序是否得到有效执行。同时审查安全责任的分配情况，确保每个关键岗位都有明确的安全职责，评估组织是否提供了足够的资源（如人力、物力、财力）来支持安全管理体系的运行。

二是安全措施评估，审查组织是否采用了先进的安全技术，如加密技术、防火墙、入侵检测系统等，以保护数据和信息的安全。评估物理设施的安全性，如门禁系统、监控摄像头、安全巡逻等，以防止未经授权的访问。考察员工的安全意识、培训情况以及应急响应能力，确保他们能够正确处理安全事件。

三是安全风险评估，识别可能对系统、设备、项目或活动构成威胁的因素，如黑客攻击、病毒、自然灾害等。分析系统、设备、项目或活动中存在的脆弱性，这些脆弱性可能被威胁利用。对识别出的风险进行量化分析，评估其可能性和影响程度，以便制定相应的风险管理策略。

四是安全目标评估，需要确定评估组织的安全目标是否明确、具体、可衡量和可达成。审查安全目标的实现情况，评估组织在安全保障方面的改进情况和绩效。

五是安全意识与培训评估，评估员工对安全政策、规范和制度的理解和遵守程度。审查组织是否制订了有效的安全培训计划，并定期对员工进行培训。通过测试、演练等方式评估安全培训的效果，确保员工具备必要的安全知识和技能。

3. 评估安全机制的应用

数据资产评估安全机制的应用场景非常广泛，主要涉及任何需要保护数据安全、确保数据资产价值以及合规性的领域，包括金融行业、医疗行业、零售行业、制造业和政府及公共服务部门。

一是金融行业。金融机构通过评估客户交易历史、信用记录和市场数据等，可以更准确地识别贷款违约风险。同时，数据资产评估安全机制能确保这些敏感数据在评估过程中不被泄露或滥用。金融机构在做出投资决策时，需要依赖大量的市场数据、经济指标等。数据资产评估安全机制能确保这些数据的准确性和完整性，防止因数据错误或篡改导致的投资损失。金融行业受到严格的监管，需要确保数据的使用和存储符合相关法律法规。数据资产评估安全机制能帮助金融机构识别和规避合规风险。

二是医疗行业。医疗机构在收集、存储和处理患者数据时，需要严格遵守隐私保护法规。数据资产评估安全机制能确保患者数据的安全，防止数据泄露和滥用。通过分析大量患者数据，医疗机构可以发现疾病模式，从而改进预防措施和公共卫生策略。数据资产评估安全机制能确保这些敏感数据在分析过程中得到妥善保护。医生通过分析患者的历史健康记录和治疗反应，可以为患者提供个性化的治疗方案。数据资产评估安全机制能确保这些数据的准确性和完整性，支持精准医疗的发展。

三是零售行业。零售商通过分析销售数据、顾客反馈和市场趋势，可以制定更有效的产品推广策略和价格策略。数据资产评估安全机制能确保这些敏感数据在分析过程中不被泄露或滥用。通过评估销售数据，零售商可以优化库存管理，减少库存积压和缺货情况。数据资产评估安全机制能确保这些数据的准确性和完整性，支持零售业务的顺利开展。零售商可以利用消费者数据开展精准营销，提高营销效果。数据资产评估安全机制能确保这些敏感数据在营销过程中得到妥善保护。

四是制造业。制造企业通过评估生产过程中的数据，可以优化生产线，提高效率和质量。数据资产评估安全机制能确保这些敏感数据在评估过程中不被泄露或滥用。通过分析设备运行数据，制造企业可以预测设备故障，实现预防性维护，减少停机时间和维修成本。数据资产评估安全机制能确保这些数据的准确性和完整性，支持智能制造的发展。

五是政府及公共服务部门。政府和公共服务部门在共享和开放数据时，需要确保数据的安全性和合规性。数据资产评估安全机制能帮助这些部门识别和规避数据安全风险。政府和公共服务部门可以通过分析数据来优化公共服务，如交通管理、环境保护等。数据资产评估安全机制能确保这些敏感数据在分析过程中得到妥善保护。

4. 评估安全机制的建设

为保障评估安全，应当建立评估安全机制，具体有五项要求。

一是遵循"谁主管、谁负责"的原则，分级管理、明确职责、各司其职。在评估安全机制中，明确各级主管部门的责任和权限是确保安全评估工作顺利进行的基础。通过分级管理，可以确保每个环节都有人负责，避免责任不清导致的推诿扯皮现象。同时，各司其职则要求每个岗位的人员都清楚自己的职责所在，严格按照规定执行，从而提高整个评估安全机制的运行效率。

二是明确评估管理方针，宜采用"预防为主，管理从严"的方针。在评估安全机制中，预防是首要任务，通过提前识别潜在的风险和隐患，采取有效的措施进行防范，可以大大降低安全事故的发生概率。同时，管理从严则要求对整个评估过程进行严格的监督和管理，确保每个环节都符合安全要求，不容许任何违规操作和疏忽大意。

三是明确管理部门职责，包括制定安全评估机制、开展安全评估教育、落实安全评估措施、督查安全评估工作、发现隐患协调整改。制定安全评估机制是确保评估工作有章可循的前提；开展安全评估教育则可以提高员工的安全意识和技能水平；落实安全评估措施是确保评估工作得到有效执行的关键；督查安全评估工作可以及时发现和纠正存在的问题；发现隐患协调整改则是对评估结果的有效应用，通过及时整改隐患，可以确保系统的安全运行。

四是建立安全保密教育机制，落实组织、协调对评估安全等相关方面的宣传和教育活动。安全保密教育机制是确保评估工作安全进行的重要保障。通过组织、协调对评估安全等相关方面的宣传和教育活动，可以提高员工的安全保密意识，使他们了解评估工作中可能涉及的安全风险和保密要求，从而自觉遵守相关规定，确保评估工作的顺利进行。

五是建立保密安全机制，加强评估人员管理，确保评估中接触的涉密测试数据、分析结论、阶段性成果和各种技术文件、设备得到严格管控，任何人不得擅自对外提供资料。保密安全机制是确保评估工作中涉密信息不泄露的关键。通过加强评估人员管理，可以确保他们严格遵守保密规定，对评估中接触的涉密信息进行严格管控。同时，对技术文件、设备等进行严格管理，可以防止因泄露或丢失导致的安全问题。这一要求还强调了任何人不得擅自对外提供资料的重要性，从而确保评估工作的保密性和安全性。

第二节　评估保障制度

评估技术保障制度包括技术保障、平台保障和制度保障，这些保障制度的有效设计和运行，有助于保障数据资产评估的有效开展，确保了评估结果的客观性和准确性。

一、技术保障

1. 技术保障的概念与意义

数据资产评估保障制度中的技术保障，指的是为确保资产评估过程的专业性、准确性和可靠性，所采用的一系列技术手段和方法。这些技术手段和方法旨在提高评估工作的效率和准确性，保障评估结果的客观性和公正性。

数据资产评估技术保障具有重要的意义。一是保障评估结果的准确性，通过采用科学的评估模型和方法，以及确保数据的准确性和完整性，数据资产评估技术保障能够大大提高评估结果的准确性。这对于企业、投资者和监管机构等利益相关方来说，都是至关重要的。二是提高评估工作的效率和可靠性，现代科技手段的应用，如计算机技术和数据分析技术，能够高效地处理庞大的数据量，提高评估工作的效率和准确性。同时，专业咨询和审查以及外部专业机构的支持也能够增强评估结果的可靠性和客观性。三是推动数据要素市场化配置，数据资产评估技术保障有助于揭示和发现数据资产的价值，从而推动数据要素的市场化配置。这对于促进数字经济的发展、激发数据市场的活力具有重要意义。四是保障数据安全，在数据资产评估过程中，涉及大量的敏感信息和数据。通过建立完善的数据安全保密机制，确保评估过程中的数据安全，防止数据泄露和滥用，是数据资产评估技术保障的重要任务之一。五是促进数据资产的合理利用，通过数据资产评估技术保障，企业可以更加准确地了解自身数据资产的价值和潜在应用场景，从而更加合理地利用数据资产，提升企业的竞争力和创新能力。

2. 技术保障的内容

数据资产评估技术保障的内容涵盖了评估指标和方法的确立、数据的准确性和完整性保证、现代科技手段的应用、专业咨询和审查以及外部专业机构的支持等多个方面。这些措施共同构成了数据资产评估技术保障的完整体系，为数据资产评估的准确性、可靠性、客观性和安全性提供了有力保障。

一是评估指标和方法的确立。评估指标和方法的确立是数据资产评估技术保障的基础，合适的评估指标和方法能够确保评估结果的准确性、可靠性和客观性。评估指标的选择应根据评估对象的特点和评估目的来确定，如数据规模、数据质量、数据来源、数据应用场景等。评估方法则包括市场比较法、收益法、成本法等，这些方法各有优缺点，需要根据实际情况进行选择和组合使用。在确立评估指标和方法时，应充分考虑数据的特性、评估目的以及市场环境等因素，确保评估结果的合理性和科学性。

二是数据的准确性和完整性保证。数据的准确性和完整性是数据资产评估的前提和基础。只有基于准确和完整的数据，才能得出可靠的评估结果。数据准确性包括数据的真实性、无误差等方面；数据完整性则包括数据的全面性、无遗漏等方面。为了保证数据的准确性和完整性，需要采取多种手段进行数据收集、整理和验证。在数据收集过程中，应确保数据来源的可靠性和多样性；在数据整理过程中，应对数据进行清洗、去重和格式化处理；在数据验证过程中，应采用多种方法进行交叉验证和核实。

三是现代科技手段的应用。现代科技手段的应用能够提高数据资产评估的效率和准确性，降低人为因素的干扰。现代科技手段包括计算机技术、数据分析技术、人工智能技术等。这些技术可以用于数据处理、分析、挖掘和可视化等方面，帮助评估人员更快速、准确地完成评估工作。在应用现代科技手段时，应充分考虑数据的特性和评估需求，选择合适的工具和方法；同时，还需要关注技术的更新和发展趋势，不断引入新技术以提高评估工作的效率和准确性。

四是专业咨询和审查。专业咨询和审查是确保数据资产评估结果客观性和公正性的重要环节。专业咨询包括向行业专家、学者或专业机构咨询评估指标、方法、数据解读等方面的问题；专业审查则包括内部审查和外部审查两种方式，对评估过程和结果进行全面检查和验证。在进行专业咨询和审查时，应选择具有丰富经验和专业知识的咨询机构和专家；同时，还需要确保咨询和审查过程的独立性和客观性，避免利益冲突和主观偏见的影响。

五是外部专业机构的支持，外部专业机构的支持能够为数据资产评估提供更为专业、权威的意见和建议。外部专业机构包括会计师事务所、评估事务所、数据研究机构等。这些机构具有专业的评估人员、丰富的经验和知识储备，能够为企业提供全面的数据资产评估服务。在选择外部专业机构时，应充分考虑其资质、信誉、经验和专业能力等方面；同时，还需要明确合作方式和责任分工，确保评估工作的顺利进行和评估结果的准确性。

3. 数据资产评估核心技术

数据资产评估核心技术包括以下五项。

一是算法模型。数据资产评估体系集成并提供多类数据资产评估算法，涵盖常见和基础的数据资产评估模型和算法，服务于数据资产评估应用，如基于重置成本的动态博弈法、基于回归算法的市场价值法、基于数据知识图谱的智能关联分析法等。通过适宜的数据资产评估模型对影响数据资产价值的主要因素进行量化处理，最终得到合理的评估值。

二是区块链技术。利用区块链技术对数据的来源、类别进行监测和分析，采用水印标记技术确定数据资产权属关系。建立数据资产安全防护系统，保证数据在收发、处理和评估的过程中，不受数据泄露、数据遗失、数据篡改等风险威胁，保证数据在可信、可监控的范围内进行评估，保证数据在安全的链上进行评估。通过引入数据标记与追踪、区块链与智能合约、加密与防复制、使用环境监测技术，确认数据资产评估报告的唯一性。

三是知识图谱。知识图谱本质上是语义网络，是一种基于图的数据结构，由节点（Point）和边（Edge）组成。在知识图谱里，每个节点表示现实世界中存在的"实体"，每条边为实体与实体之间的"关系"。知识图谱是关系的最有效的表示，是把所有不同种类的信息连接在一起而得到的一个关系网络。知识图谱系统的主要目的就是帮助用户从繁杂的文本、数字等信息中获取相关知识，自动化、智能化地构造由与业务相关的各类概念、实体组成的知识网络。知识图谱作为一个相对较新的领域，通过业务数据的关联及全局校验等管理能力，在提高数据质量和数据服务效率方面价值巨大。同时，知识图谱通过业务知识的沉淀、表示、推理等能力，以更合乎人的交流习惯的语义查询方式实现数据智能化服务。知识图谱系统功能包括实体抽取、关系抽取、知识图谱存储、知识表达与推理等。

四是自然语言处理。自然语言处理引擎对数据资产中的文本数据进行词嵌入处理，获取文本的向量特征，用于后续基于文本向量的计算和建模。自然语言处理引擎融合无监督分词、文章特征提取、权重计算、文本相似度计算、词语共现、观点提取、模式提取、语义消歧等技术，对文本深层语义进行处理和理解，从更精细的粒度来解析文本含义，从而提高数据资产的价值。通过对海量评价数据的自动处理与分析，可得到翔实、可靠的评估打分正 / 负面情感倾向。此过程中包含两项关键技术：一项是直接针对评估文本的自然语言处理技术，如情感分析技术等；另一项是针对体现评估效果的数据（如点击率、打分分值）的数据挖掘技术。数据服务层提供自动评估处理服务接口用户可以接入并对众包的评估数据进行自动处理，快速生成业务、服务的智能评估。

五是机器学习。机器学习用于解决数据资产市场价值回归分析、数据集聚类及分类、数据集相关性评估等业务问题。机器学习对于各类业务数据中的数据特性，如维度、数量、分布等，选择适当的机器学习模型，更好地解决数据资产评估过程中涉及的查询、推荐、评估和辅助决策需求。

二、平台保障

1. 平台保障的概念与意义

数据资产评估平台保障是指通过构建一个安全、高效、透明的评估平台，为数据资产评估活动提供全方位的支持和保障。这个平台通常包括数据采集与处理系统、评估模型与算法库、用户权限管理系统、数据安全保密机制等多个模块，以确保评估工作的顺利进行和评估结果的准确性、公正性。

数据资产评估平台保障具有重要意义。一是提高评估效率，通过自动化的数据采集与处理系统，可以大大缩短评估周期，提高评估效率。同时，平台提供的评估模型与算法库，也为评估人员提供了丰富的工具选择，有助于更快速、准确地完成评估工作。二是保障评估质量，平台采用先进的评估模型与算法，并结合专业的数据分析和处理技术，能够确保评估结果的准确性、公正性。此外，平台还通过严格的数据质量控制和用户权限管理，避免了人为因素对评估结果的干扰。三是促进数据资产流通，数据资产评估平台保障的建立，有助于推动数据资产的流通和交易。通过平台，数据资产的所有者可以更便捷地了解资产的价值和潜在应用场景，从而更好地利用和管理数据资产。同时，平台也为投资者提供了更多的投资选择和参考依据。四是增强数据安全意识，在数据资产评估过程中，涉及大量的敏感信息和数据。平台通过建立完善的数据安全保密机制，确保评估过程中的数据安全，防止数据泄露和滥用。这有助于提高企业和个人的数据安全意识，推动数据保护法规的落实和执行。五是推动数据资产评估行业发展，数据资产评估平台保障的建立，有助于推动数据资产评估行业的规范化和专业化发展。通过平台，可以形成统一的数据资产评估标准和流程，提高评估工作的透明度和可比较性。同时，平台也为行业内的交流和合作提供了便利条件，有助于促进行业的整体进步和发展。

2. 平台保障的内容

数据资产平台保障的内容涵盖了从技术、管理到法律等多个层面的综合措施，旨在确保数据资产的安全、高效、合规使用。

一是技术保障，使用先进的数据加密技术，如数据隐私计算DPC等，对敏感数据进行加密处理，确保数据在传输和存储过程中的安全性。实施严格的隐私保护机制，遵循最小必要原则收集和使用用户数据，避免过度收集和使用。对平台用户进行身份验证，确保只有经过授权的用户才能访问和操作数据资产。根据用户角色和权限，设置不同的访问控制策略，防止数据泄露和滥用。建立完善的数据备份和恢复机制，确保在数据丢失或损坏时能够迅速恢复。采用分布式存储、容灾备份等技术手段，提高数据备份的可靠性和恢复效率。提供基于统计学、模式识别、机器学习等先进技术的智能数据分析工具，帮助用户从数据中发现知识、趋势和洞察。支持数据挖掘功能，助力企业挖掘数据资产的潜在价值。

二是管理保障。定期对数据资产进行盘点，形成数据资产管理账册，实现组织级数据资产的电子化管理和动态维护。实施元数据管理，包括数据源管理、数据对象管理、数据资产构造细节、数据标准版本管理等功能，确保元数据的标准化、自动审核和血缘关系分析。对数据质量进行持续监控，检测数据的完整性、准确性、一致性等。提供数据清洗和转换工具，帮助用户提升数据质量。制定和实施数据标准，包括基本标准和指标标准，确保数据的一致性和可比性。通过数据标准检查落地情况和数据质量问题，推动数据资产的规范化管理。

三是法律与合规保障。遵守国内外数据保护法律法规，如《中华人民共和国网络安全法》《中华人民共和国数据安全法》等，确保数据资产处理的合规性。建立风险管理机制，对企业的数据资产进行风险评估和监控，及时发现并处理潜在的安全风险。保障用户数据权益，确保用户在数据资产交易和使用过程中的知情权、选择权和隐私权。建立用户投诉和申诉机制，及时响应用户关切和诉求。提供法律支持和咨询服务，帮助企业解决数据资产管理和使用过程中遇到的法律问题。协助企业应对数据资产相关的法律诉讼和争议解决。

3. 数据资产的监管

数据资产监管类型包括数据资产评估流程监管、数据资产质量评估监管、数据资产价值评估监管、数据资产评估监控与审计监管、数据资产评估报告监管。

第一，数据资产评估流程监管。数据资产评估流程监管贯穿资产拥有方发起评估申请，评估机构进行可行性认定、多层级评估任务执行，以及分派评估团队等过程，应当提供在线的审核审批能力，支持数据资产评估任务申请、多因素多层次审批的监管。

第二，数据资产质量评估监管。数据资产质量评估监管是指对数据完整性、准确性、有效性、时效性、一致性等数据质量维度的评估监管，需具备监管在线质量评估工具、控件化参数可配置、量化评估结果等能力，支持多任务并行处理与可视化监管能力；需指定质量评估量化评判与处理的规范，并依据数据资产质量的差异，执行不同的处理。数据资产质量极差的，也就是不具备流通、开放价值的数据资产，应当暂停数据资产评估任务，由资产拥有方优化后再度评估。数据资产质量较差及一般的，也就是可进行流通、开放使用的数据资产，应当将评估结果作为资产价值评估的依据。数据资产质量较优的，即具有较高的商业及研究价值，推荐对外流通、开放的数据资产，应当将评估结果作为资产价值评估的依据。

第三，数据资产价值评估监管。数据资产价值评估是指针对数据资产的基本信息，包括行业领域、数据体量、鲜活度、稀缺度、数据质量等特性，通过成本法、收益法、市场法等数据资产价值评估模型，进行资产商业价值和研究价值的量化过程。数据资产价值评估需参考价值评估模型，并具备数据定价能力。数据资产价值评估模型是指应当集成成本法、收益法、市场法等通用数据资产价值评估模型。数据资产价值评估模型可以提供可视化前台配置、执行能力，并提供在线管理、调度能力，用于在线进行数据资产价值评估，提升数据资产评估效率。数据资产评估定价是指建立数据资产价值评估策略与规范。应当围绕数据体量、数据结构、鲜活度、稀缺度等，量化资产价值，并提供在线价值量化工具。

第四，数据资产评估监控与审计监管。数据资产评估过程是指对评估任务过程的监控、分析，应当具备对人员动态、数据动态的多维度监控分析能力，用于加强评估任务规范化、安全性管理。

第五，数据资产评估报告监管。数据资产评估机构在执行资产评估任务后，需出具具有行业权威性的报告，详细描述数据资产的质量、价值及分析依据，并对数据资产的商业价值提出定量和定性的评估结论，为数据资产的所有者、使用者以及相关利益方提供清晰、准确的参考依据。

4. 数据资产相关平台

数据资产相关平台包括数据资产管理平台、数据资产登记平台、数据资产运营平台等。

数据资产管理平台是一个用于集中管理、保护和利用组织数据资产的工具。它提供了一个统一的方式来存储、访问、分析和共享数据，旨在帮助组织更好地管理和利用其数据资产。随着企业数字化转型的深入，数据已成为企业的重要资产，数据资产管理平台的重要性日益凸显。数据资产管理平台通常采用分布式、微服务架构，以支持大规模数据处理和高并发访问。平台应包含数据采集、存储、处理、分析、展示等多个模块，形成完整的数据处理流水线。在平台上线前，应进行严格的测试，包括功能测试、性能测试、安全测试等，确保平台的稳定性和安全性。测试过程中，应模拟各种实际场景，对平台进行全面、深入的验证。

数据资产登记平台是支撑数据资产登记机构工作的关键平台。其主要功能包括对数据资产登记申请、受理、审核、登簿、发证等登记工作的流程管理，以及相关操作的自动化辅助、工作协同支持和日志管理等。平台能够记录数据的权属信息和交易属性等，为数据资产的确权、交易和流通提供有力支持。通过平台，数据资产的权属关系得到明确，交易过程更加透明和规范。平台应实现相关操作的自动化辅助，减少人工干预，提高工作效率。同时，平台还应具备良好的协同性，支持多部门、多角色之间的协同工作，确保登记工作的顺利进行。

数据资产运营平台面向数据资产交易流通、数据资产证券化、数据资产抵押贷款、数据资产投资入股等潜在的运营模式。平台为各类模式下数据资产运营的增值能力、安全管控能力、审计追溯能力、绩效评价能力等能力构建提供技术支持。平台应运用先进的技术手段，如区块链、大数据、人工智能等，实现数据资产的高效运营和管理。例如，利用区块链技术确保数据资产交易的透明性和不可篡改性；利用大数据技术实现数据资产的深度挖掘和分析；利用人工智能技术提供智能化的决策支持。平台应建立完善的安全保障体系，包括数据加密、访问控制、审计日志等功能，确保数据资产的安全性和隐私保护。同时，平台还应遵循相关法律法规和标准规范，确保数据资产运营的合规性。

三、制度保障

1. 制度保障的概念与意义

数据资产评估制度保障是指通过制定和实施一系列政策、法规、标准和技术规范，为数据资产评估活动提供法律、技术和管理上的支持和保障。这些制度保障旨在确保数据资产评估的公正性、准确性、透明度和可比性，推动数据资产评估行业的健康发展。

数据资产评估制度保障对于数据资产评估具有重要的意义。一是规范行业行为。数据资产评估制度保障通过制定明确的法规和标准，规范了数据资产评估机构的执业行为，防止了不正当竞争和虚假评估等现象的发生。二是保障评估质量。制度保障要求评估机构遵循统一的方法和标准进行评估，提高了评估结果的准确性和可靠性。同时，通过对评估过程的监督和审核，确保了评估质量。三是促进数据资产流通。数据资产评估制度保障为数据资产的交易和流通提供了价值参考，降低了交易风险，增强了市场信心。这有助于推动数据资产市场的繁荣和发展。四是保护数据资产权益。通过明确数据资产的权属和权益，制度保障为数据资产的所有者、使用者和交易者提供了法律保障。这有助于维护数据资产市场的秩序和公平。五是推动数据经济发展。数据资产评估制度保障是数据经济发展的重要基础。通过准确评估数据资产的价值，可以为企业和个人提供数据资产管理和利用的依据，推动数据经济的创新和发展。

2. 制度保障的内容

数据资产评估制度保障是确保数据资产评估活动规范化、标准化和专业化的关键所在，主要体现在政策法规、技术标准、监管机制和人才培养等方面。

一是政策法规。国家层面出台的数据资产管理、评估、交易等方面的政策法规，为数据资产评估提供了法律基础和制度保障。例如，中国资产评估协会在财政部指导下制定的《数据资产评估指导意见》，自 2023 年 10 月 1 日起施行，为规范数据资产评估执业行为、保护资产评估当事人合法权益和公共利益提供了明确指导。国家政策法规还明确了数据资产的法律属性、权属关系、交易规则等，为数据资产评估提供了法律依据和保障。地方层面也根据国家政策法规，结合本地实际情况，出台了一系列数据资产管理、评估、交易等方面的具体规定和实施细则。这些规定和细则更加贴近地方实际，为数据资产评估提供了更加具体和可操作的指导。

二是技术标准。数据资产评估技术标准的基本原则包括独立性、客观性、公正性、专业性等。这些原则要求评估机构和评估人员在评估过程中保持独立、客观、公正的态度，具备专业的评估知识和实践经验。数据资产评估技术标准明确了评估的方法和程序。评估方法包括收益法、成本法和市场法三种基本方法及其衍生方法。评估程序则包括明确评估基本事项、履行适当的评估程序、关注影响数据资产价值的成本因素、场景因素、市场因素和质量因素等。数据资产评估技术标准还规定了评估报告的格式和内容要求。评估报告应包含评估目的、评估对象、评估方法、评估程序、评估假设和限制条件、评估结论等关键信息，确保评估结果的透明度和可比性。

三是监管机制。建立完善的数据资产评估监管机制，明确监管机构的职责和权限。监管机构负责对评估机构和评估人员的执业行为进行监督和管理，确保评估活动的规范性和合法性。监管机构通过定期检查、考核和处罚等方式，对评估机构和评估人员的执业行为进行监督和管理。同时，鼓励社会公众和媒体对评估活动进行监督，形成社会共治的良好氛围。建立投诉与举报机制，接受社会公众对评估机构和评估人员违法违规行为的投诉和举报。对于查实的违法违规行为，监管机构将依法依规进行严肃处理。

四是人才培养。加强数据资产评估人才的培养和引进，通过高等教育、职业培训等方式，提高评估人员的专业素质和业务水平。同时，鼓励评估机构加强与高校、研究机构的合作，共同培养具有创新精神和实践能力的高素质评估人才。建立完善的数据资产评估考试与认证制度，对评估人员的专业能力和职业素养进行客观评价。通过考试和认证，提高评估人员的专业水平和市场认可度。鼓励评估人员参加继续教育和学习交流活动，不断更新知识结构和提升专业技能。同时，建立评估人员信用档案和评价体系，对评估人员的执业行为和服务质量进行记录和评估。

3. 制度保障的要求

制度保障应对数据资产评估的制度规范、技术保障和认证体系进行完善，规范数据资产流通行为，防范数据滥用。制度保障的要求如下。

第一，建立评估的管理制度，并持续改进。管理制度是数据资产评估的基础，它规定了评估的基本原则、组织架构、职责分工等，确保评估活动的有序进行。随着数据技术的不断发展和数据市场的日益成熟，评估管理制度需要不断适应新情况、新问题，通过定期审查、修订和完善，保持其有效性和先进性。为了确保评估管理制度有效运行，应当建立专门的数据资产评估管理部门或机构，负责评估制度的制定、执行和监督，同时定期收集评估过程中的反馈意见，对管理制度进行动态调整和优化。

第二，明确评估流程、标准及规范。清晰的评估流程能够确保评估活动的规范性和高效性，包括评估准备、实施、报告和反馈等各个环节。评估标准和规范是评估活动的重要依据，它们定义了评估的基准、方法和要求，确保评估结果的客观性和准确性。为了确保评估流程的规范，应当制定详细的数据资产评估流程指南，明确各环节的职责、时间和质量要求。同时建立统一的数据资产评估标准和规范体系，包括数据质量、价值评估、风险评估等方面的标准和指标。

第三，明确评估专业人员的能力要求，并建立能力考核机制。数据资产评估是一项专业性很强的工作，要求评估人员具备扎实的数据知识、评估技能和职业道德。通过能力考核机制，可以确保评估人员的专业素质和评估质量，提高评估的公信力和权威性。为了确保评估人员具备专业性以及能力考核机制的合理性，应当制定数据资产评估人员的资格认证制度，明确评估人员的学历、经验、技能等要求。另外，要定期组织评估人员的培训、考核和继续教育，提升评估人员的专业水平和职业素养。

第四，明确评估成果的范围、内容和形式。明确评估成果所涵盖的数据资产类型、范围和时间等，确保评估的全面性和准确性。评估成果应以清晰、准确、易懂的方式呈现，包括评估报告、数据清单、价值评估表等，便于用户理解和使用。为了保证评估结果的准确性和规范性，应当制定数据资产评估成果的格式和要求，确保评估成果的一致性和可比性；还应当建立评估成果的审核和发布机制，确保评估成果的合法性和权威性。

第三节　欧盟数据资产评估保障

欧盟对于数据资产评估保障主要体现在以下几个方面。

一、法律框架

《通用数据保护条例》（General Data Protection Regulation，GDPR）明确了数据主体的权利和数据控制者、处理者的义务，为数据资产的评估提供了法律基础。例如，数据主体对自己的数据拥有知情权、访问权、更正权等，这使得数据在评估过程中需要考虑到这些权利的价值。对数据违规行为规定了严厉的处罚措施，促使企业更加重视数据资产的管理和保护，从而间接影响数据资产评估的准确性和可靠性。

《非个人数据在欧盟境内自由流动框架条例》促进非个人数据在欧盟境内的自由流动，提高数据的可用性和价值，为数据资产评估提供了更广阔的市场环境。鼓励数据的重复使用和共享，这对于评估数据资产的潜在价值具有重要意义。

二、技术标准

欧盟制定了一系列数据质量标准，包括准确性、完整性、一致性、时效性等。高质量的数据资产在评估中通常具有更高的价值。企业在进行数据资产评估时，需要参照这些标准来评估数据的质量，从而确定数据资产的价值。

欧盟也制定了一系列数据安全标准，强调数据的安全性和保密性，要求企业采取适当的技术和组织措施来保护数据资产。数据安全是数据资产评估的重要因素之一，安全风险较高的数据资产可能会降低其价值。

三、评估机构与专业人才

欧盟鼓励建立专业的数据资产评估机构，并对其进行认可和监管。这些机构通常具有专业的评估方法和经验，能够为数据资产的评估提供可靠的依据。评估机构的存在有助于提高数据资产评估的透明度和可信度，保障数据资产所有者和使用者的利益。

欧盟重视数据资产评估专业人才的培养，通过培训和认证等方式提高评估人员的专业水平。专业的评估人员能够运用科学的方法和工具进行数据资产评估，确保评估结果的准确性和公正性。

四、市场机制

欧盟积极推动数据交易市场的发展，为数据资产的流通和交易提供平台。在数据交易市场中，数据资产的价格可以通过市场机制来确定，这为数据资产评估提供了参考依据。

欧盟出台了一系列创新激励措施，鼓励企业和科研机构开发新的数据资产评估方法和工具。创新的评估方法和工具可以提高数据资产评估的效率和准确性，促进数据资产的价值实现。

总之，欧盟通过完善的法律框架、技术标准、评估机构与专业人才培养以及市场机制等多方面的保障措施，为数据资产评估提供了有力的支持，推动了数据资产的有效管理和价值实现。

第四节 关于欧盟数据资产评估保障的具体案例

案例一：德国汽车制造商的数据资产评估与保护

德国一家知名汽车制造商在欧盟 GDPR 实施后，对其拥有的大量车辆数据进行了全面评估。这些数据包括车辆行驶数据、用户使用习惯数据等。

他们聘请了专业的数据资产评估机构，依据欧盟的数据质量标准，对数据的准确性、完整性和时效性进行评估。例如，通过分析车辆传感器数据的准确性和稳定性，确定这些数据在研发新车型和改进现有产品方面的价值。同时，根据用户使用习惯数据的完整性，评估其在市场调研和个性化服务方面的潜力。

在数据安全方面，该制造商投入大量资源，采用先进的加密技术和访问控制措施，确保数据资产的保密性和完整性。他们建立了严格的数据访问权限体系，只有经过授权的人员才能访问特定的数据。这不仅符合 GDPR 的要求，也提升了数据资产的安全性，从而增加了其价值。

此外，该制造商积极参与欧盟的数据交易市场，将部分经过处理和匿名化的数据出售给第三方研究机构和科技公司。通过在数据交易市场中的交易，他们不仅实现了数据资产的价值变现，还为数据资产评估提供了市场参考价格。

案例二：荷兰医疗科技公司的数据共享与评估

荷兰一家医疗科技公司专注于开发远程医疗解决方案。为了提高产品的性能和服务质量，他们需要与其他医疗机构和科研机构共享患者的医疗数据。

在欧盟的数据资产评估保障框架下，该公司首先对患者数据进行了分类和评估。他们根据数据的敏感性和价值，将其分为不同的级别。对于高敏感性的数据，如患者的个人身份信息和详细病历，采取了严格的加密和访问控制措施。而对于一些经过匿名化处理的医疗数据，如患者的症状表现和治疗效果数据，则可以在一定范围内进行共享。

为了确保数据共享的合法性和安全性，该公司与合作伙伴签订了详细的数据共享协议，明确了各方的权利和义务。同时，他们还使用区块链技术，确保数据的来源可追溯和不可篡改。

在数据资产评估方面，该公司通过与专业的医疗数据分析机构合作，评估共享数据在医学研究和临床决策支持方面的价值。例如，通过分析大量的患者治疗效果数据，可以为新药物的研发提供宝贵的参考，从而提高数据资产的价值。

案例三：法国金融科技公司的数据合规与评估

法国一家金融科技公司在提供金融服务的过程中，积累了大量的客户金融数据。为了遵守欧盟的 GDPR 和金融监管要求，该公司建立了完善的数据治理体系。

他们对客户数据进行了全面的风险评估，识别出潜在的数据安全风险和合规风险。例如，通过分析数据存储和传输过程中的安全漏洞，采取相应的技术措施进行加固。同时，对数据处理活动进行合规审查，确保符合 GDPR 的规定。

在数据资产评估方面，该公司考虑了数据的商业价值和法律风险。他们分析客户数据在精准营销、风险评估和产品创新方面的潜力，同时也考虑到数据泄露可能带来的法律责任和声誉损失。通过综合评估，确定数据资产的价值，并采取相应的保护措施。

此外，该公司还积极参与欧盟的数据安全认证项目，获得了相关的认证证书。这不仅提高了公司的数据安全水平，也增强了客户对公司的信任，从而提升了数据资产的价值。

综合案例——广西电网数据资产评估

▶▶▶▶

　　广西电网作为重要的能源供应企业，积累了大量的数据资产，包括电网运行数据、用户用电数据、设备监测数据等。这些数据资产对于企业的运营管理、决策支持以及潜在的商业合作都具有重要价值。为了更好地管理和利用这些数据资产，广西电网决定对其数据资产进行全面评估。

第一节　广西电网数据现状

广西电网的数据现状具备大规模性、多样性、实时性和价值性等特点，为其数字化转型和智能化发展提供了坚实基础。在数据存储、处理、分析和安全方面取得的成绩，为进一步提升数据资产管理能力提供了有力支持。未来，广西电网应继续加强数据资产管理，提升数据分析能力，以应对数字化转型的挑战，推动企业高质量发展。

一、行业现状概括

1. 数字化转型势头加快

电网企业数字化转型势头加快。"双碳"目标企业从强化数据分级分类管理、构建智慧物联体系、建设数据中台等方面夯实数字化发展基础。高效利用数字技术提升管理水平、改造传统电网业务、推动客户服务数字化等实现业务数字化转型，并进一步通过开展能源电商业务、智慧车联网业务等拓展数字产业化。电力数据是电网企业的战略资源和核心生产要素。数据资产价值的挖掘深度既是电网企业提升核心竞争力的关键环节，也是真正实现数字化转型的重要组成。

2. 难题亟待解决

随着数字经济时代的到来，数据资产成为推动社会经济和企业创新的新能源和引擎。数据资产的价值评估和定价是实现价值和促进交易共享的基础，但数据资产定价仍处于探索阶段。为实现资源高效利用，降低大数据应用成本，准确评估数据价值，南方电网公司参考成本法，综合考虑影响数据价值实现的因素和市场供求因素，解决了数据资产价值评估的难题。

3. 需求增加

随着大数据和数字经济的发展，数据资产的价值已得到广泛认可，数据交易需求也日益增加。政府和企业广泛开展数据资产化管理和市场化运营。然而，数据资产定价方法仍不完善。目前，国家和行业缺乏统一的数据资产价值评估和定价方法，数据资产交易主要通过谈判议价进行定价，相关研究还处于探索阶段，面临传统方法难以实施、缺乏实用性、先例经验不适用且难以推广、应用场景不明确、边界条件问题尚未解决、数据价值的不确定性较大等问题，制约了数据资产交易的开展，阻碍了数据价值的实现。

4. 为推进相关问题的处理

广西电网有限责任公司开展了数据资产定价方法研究，建设数据资产价值评估模型与数据价格管理机制，研究数据资产计量与定价方法，测算业务投入产出测算，优化资源配置，为数据资产定价提供了切实可行的方法指导，并积极开展了数据资产评估实践。

二、公司基本介绍

广西电网有限责任公司是中国南方电网公司的全资子公司，负责广西壮族自治区内电网的规划、建设、运营、管理。担负着保障广西壮族自治区电力可靠供应的重大责任和使命，致力于为经济社会发展提供清洁低碳、安全高效的能源供应。

1. 主营业务

广西电网有限责任公司的主营业务是建设和运营广西电网，负责广西的电力调度和配售电业务。广西电网覆盖广西全域，为广西的经济发展和人民生活提供了可靠的电力保障。广西电网拥有庞大而复杂的电力网络体系，包括众多的变电站、输电线路和配电设施。变电站分布在广西各地，通过先进的变电设备将不同电压等级的电力进行转换和分配。输电线路纵横交错，如同血管一般将电力输送到各个角落，确保了电力的远距离传输。配电设施则直接面向用户，将电力安全、稳定地输送到千家万户和各类企业。

2. 电源结构

广西电网连接着多种类型的发电资源。既有大型的水力发电站，充分利用广西丰富的水资源，提供清洁、稳定的电力；也有火力发电站，作为重要的电力支撑，在保障电力供应的稳定性方面发挥着关键作用。此外，近年来广西还积极发展新能源发电，如风力发电和光伏发电等，为推动能源转型和可持续发展贡献力量。

3. 广西电网高度重视科技创新和智能化发展

不断加大对智能电网技术的研发和应用投入，通过先进的传感器、通信技术和自动化设备，实现对电网的实时监测和智能控制。这不仅提高了电网的运行效率和可靠性，还为应对各种突发情况提供了有力保障。例如，在自然灾害等紧急情况下，智能电网能够快速响应，进行故障诊断和恢复供电，最大限度地减少对用户的影响。

三、数据产品情况

1. 规上企业用电监测产品

电力数据作为工业经济的"晴雨表"，有效反映着地方经济的发展趋势。为做好"工业企业用电量与工业经济指标的相关性分析，切实做好规模以上工业企业的经济运行分析"的工作，通过获取广西规模以上工业企业用电数据，实现规上工业企业用电数据汇总、同比、环比分析，同时开展工业企业用电量与工业经济的关联性分析、用电预测等应用。为经济发展和调整提供依据。

本产品专注于广西规模以上工业企业电力数据的深度挖掘与应用，通过接口形式从电力数据源获取数据，实现了有条件的数据开放，为工业企业提供了前所未有的数据支持。产品服务能力强，不仅能高效汇总、同比及环比分析用电数据，还能深入挖掘用电行为与工业经济之间的内在联系，揭示企业运营状况与经济发展趋势的关联性。同时，借助先进算法，产品能够进行精准的用电预测，为企业提供前瞻性的决策依据，助力企业优化资源配置，提高运营效率。这一创新产品的推出，不仅有助于企业更好地应对市场变化，还能推动工业经济持续健康发展，为广西工业转型升级提供有力支撑。未来，随着数据应用的不断深化，本产品将发挥更加重要的作用，助力企业实现高质量发展。

2. 电力信用等级评价产品

电力信用等级评价是相关政府部门、行业协会或电力交易中心等机构依据一定的标准和规范开展的对电力市场主体信用状况的评估。利用本产品可以辅助贷前评估和贷后管理工作。帮助金融企业解决当下小微企业信用难以评估的问题，协助企业融资贷款落地。

本产品深度挖掘广西用电用户的电力数据，通过接口形式有条件地向征信企业和金融信贷企业开放，为金融领域带来了革命性的变化。产品提供的详细信用等级评价指标，不仅涵盖了用电稳定性、费用缴纳情况等关键信息，还结合了企业实际需求，使信用评价更加精准、全面。借助这一创新工具，金融机构能够更有效地进行贷前评估，识别潜在风险，同时在贷后管理中也能迅速响应，降低不良贷款率。对于用电用户而言，这意味着他们能在更加安全、透明的环境中享受金融服务，有助于提升整体信用意识，促进金融市场健康发展。总之，本产品不仅优化了金融服务流程，降低了信贷风险，还推动了社会信用体系的完善，实现了经济效益与社会效益的双重提升。

3. 电力贷产品

"电力贷"是一款突破传统信贷模式，充分利用大数据技术，深度挖掘企业用电数据背后蕴含的经营状况和信用价值。通过对企业的用电量、缴费历史、业扩记录、电费支付行为等关键指标进行分析，构建了"电力贷—贷前反欺诈"、"电力贷—贷中授信辅助"、"电力贷—贷后风险预警"和"电力贷—空壳企业监控"四套业务场景模型，全面反映企业信用水平的独特评价系统，银行和其他金融机构可以更准确地判断企业的偿债能力和信誉度，从而为符合条件的企业提供贷款服务。

本产品以广西用电用户的电力数据为基础，通过接口形式有条件开放，为银行和其他金融机构提供了一种全新的企业信用评价手段。电力贷产品凭借其独特的评价系统，能够全面、准确地反映企业的信用水平，包括企业的用电行为、用电费用缴纳情况等，为金融机构提供了更为精细化的风险评估工具。通过电力贷产品，银行和其他金融机构可以更深入地了解企业的运营状况，从而更准确地判断企业的偿债能力和信誉度。这不仅有助于金融机构降低贷款风险，还能为那些信用良好但缺乏传统抵押物的企业提供更多的融资机会，促进实体经济的发展。总之，电力贷产品为金融机构和企业之间搭建了一座桥梁，有助于实现金融资源的优化配置，推动广西经济的持续发展。

第二节　广西电网数据特点

一、数据来源的广泛性

广西电网的数据来源十分广泛。首先，从电力生产环节来看，各类发电厂如火力发电厂、水力发电厂、风力发电厂、太阳能发电厂等，产生大量的运行数据。这些数据包括发电机组的输出功率、电压、电流、频率等电气参数，以及设备的温度、压力、振动等状态参数。不同类型的发电厂由于其发电原理和设备特点的不同，所产生的数据也各具特色。

在电力传输环节，广西电网庞大的输电网络通过安装在输电线路和变电站的各种传感器和监测设备，实时采集大量的数据。输电线路上的监测设备可以获取线路的电压、电流、功率等电气参数，以及线路的温度、湿度、风向等环境参数。变电站中的设备则提供了变压器、断路器、隔离开关等设备的运行状态数据，包括设备的负载率、温度、绝缘状态等信息。

在电力分配环节，配电网络中的配电变压器、开关设备、智能电表等也产生了丰富的数据。智能电表可以实时记录用户的用电量、用电时间、功率因数等信息，为了解用户用电行为和需求提供了重要依据。配电变压器和开关设备的运行数据则反映了配电网络的运行状态和可靠性。

此外，广西电网还与其他相关部门和企业进行数据交互，获取气象数据、经济数据、社会数据等外部数据，这些数据对于电力负荷预测、电网规划和运营决策具有重要参考价值。

二、数据类型的多样性

广西电网的数据类型丰富多样，包括结构化数据、半结构化数据和非结构化数据。

1. 结构化数据

结构化数据是指具有明确的数据结构和格式的数据，如电力生产设备的运行参数、用户用电量数据、电网运行状态数据等。这些数据通常存储在关系型数据库中，可以通过传统的数据分析方法进行处理和分析。

2. 半结构化数据

半结构化数据是指具有一定结构但不严格遵循特定格式的数据，如传感器日志数据、设备故障报告、电力交易数据等。这些数据通常以文本、XML、JSON 等格式存储，需要采用特定的技术和工具进行处理和分析。

3. 非结构化数据

非结构化数据是指没有明确结构的数据，如图像、视频、音频等。在广西电网中，非结构化数据主要来自变电站和输电线路的视频监控系统、设备巡检图像等。这些数据对于设备状态监测、故障诊断和安全管理具有重要意义，但处理和分析难度较大。

三、数据的实时性和动态性

电力系统的运行具有高度的实时性和动态性，因此广西电网的数据也具有很强的实时性和动态性。电力生产设备、输电线路和变电站的运行状态数据需要实时采集和传输，以便及时发现和处理设备故障和异常情况。用户用电量数据也需要实时记录和分析，以便进行电力负荷预测和优化电力调度。

此外，广西电网的数据还受到外部因素的影响，如气象条件、经济活动、社会事件等，这些因素的变化会导致电力负荷的波动和电网运行状态的变化，使得广西电网的数据具有动态性。

四、数据价值密度低

虽然广西电网的数据总量巨大，但其中真正有价值的数据相对较少。例如，在设备监测数据中，大部分数据都是正常状态下的数据，只有在设备发生故障或异常时的数据才具有较高的价值。因此，需要采用数据挖掘和机器学习等技术，从大量的数据中提取出有价值的信息。同时，由于数据价值密度低，需要对数据进行有效的筛选和过滤，以便提高数据分析的效率和准确性。

五、数据安全性要求高

广西电网数据涉及国家能源核心与用户隐私，其安全性至关重要。必须实施严密的数据保护措施，如数据加密确保信息传输与存储中的保密性，访问控制严格限定数据访问权限，以及备份恢复机制以防数据丢失。此外，建立健全的数据安全管理体系，包括制定详尽的安全管理制度与应急预案，是应对潜在安全威胁、保障数据安全运行的基石。这些措施共同构筑起广西电网数据安全的坚固防线，确保国家能源安全与用户隐私不受侵害。

六、数据具有时空相关性

广西电网的数据具有明显的时空相关性。在时间上，设备的运行状态和电力负荷等数据会随着时间的变化而变化，需要进行时间序列分析，以便发现数据中的趋势和规律。在空间上，不同地点的设备和用户之间存在着相互关联，需要进行空间数据分析，以便实现电网的优化布局和调度。例如，当某个地区的电力负荷增加时，可以通过调整周边地区的电力供应来满足需求，从而实现电网的平衡运行。

七、数据具有季节性和周期性

广西电网的数据还具有明显的季节性和周期性。在不同的季节和时间段，电力负荷和设备运行状态会有所不同。例如，在夏季高温天气时，空调等用电设备的使用量会大幅增加，导致电力负荷上升。同时，一些工业用户的生产也具有季节性和周期性，会对电力负荷产生影响。因此，需要对数据进行季节性和周期性分析，以便制订出合理的电力供应和调度方案。

总之，广西电网的数据具有规模庞大、类型多样、实时性强、价值密度低、安全性要求高、时空相关性和季节性周期性等特点。这些特点为广西电网的数据管理和分析带来了挑战，同时也为电网的智能化升级和创新发展提供了机遇。通过采用先进的数据处理和分析技术，如大数据、人工智能、云计算等，可以充分挖掘广西电网数据的价值，为电网的安全、稳定、高效运行提供有力支持。

第三节　广西电网数据评估

一、评估目的

为广西电网有限责任公司入表提供价值参考依据。广西电网有限责任公司主营业务为供电服务，在主营业务服务时，该公司获取了相关企业供电数据，这些有海量、实时、可信、高附加值等特点。同时该企业利用这些供电数据对外提供咨询服务，并形成了相关生产工具产品，包括企业用电监测数据产品、电力信用等级评价数据产品和电力贷数据产品等。广西电网有限责任公司利用这些数据产品对外提供咨询服务，客户包括金融企业以及其他相关产业，获取咨询收益，因此与该咨询收益相匹配，这些相关数据资产产品的相关成本可以入表。

二、数据资产类型确定

本案例涉及数据产品及应用场景主要是企业自用以及利用数据资产形成的数据产品向客户提供咨询服务，根据财政部印发的《企业数据资源相关会计处理暂行规定》（财会〔2023〕11 号）有关规定，其符合《企业会计准则第 6 号——无形资产》（财会〔2006〕3 号）规定的定义和确认条件，因此应当确认为无形资产类数据资产。

三、评估价值类型

评估价值类型应当与评估目的相匹配，本案例评估目的是给无形资产类数据资产入表提供价值参考依据，根据《企业会计准则第 6 号——无形资产》（财会〔2006〕3 号）的规定，无形资产初始入账需要遵循历史成本原则，即需要采用历史成本进行无形资产初始计量，但是企业历史成本的初始计量凭证灭失，因此需要选择与历史成本近似的会计计量属性，以重置成本扣减贬值后的净重置成本，因此评估价值类型应为净重置成本。

重置成本是指以现时价格水平重新购置或者重新建造与评估对象数据资产相同或者具有同等功能的全新数据资产所发生的全部成本。重置成本分别为复原重置成本和更新重置成本。

四、评估方法

1. 选取评估方法

依据《资产评估执业准则——资产评估方法》（中评协〔2019〕35号）、《数据资产评估指导意见》（中评协〔2023〕17号）的规定，应当根据评估目的、评估对象、价值类型、资产收集等情况，分析成本法、市场法和收益法三种资产评估基本方法的适用性，选择评估方法。市场价值具有三种评估方法，但是本次评估选择的价值类型为重置成本/净重置成本，针对该种价值类型，该案例的情况认为仅只有成本法适用本评估项目。成本法是指按照重建或者重置被评估数据资产的思路，将重建或者重置成本作为确定评估对象数据资产价值的基础，扣除相关贬值，以此确定评估对象数据资产价值的一种评估方法。由于本评估目的是为电力数据资产入表提供价值参考依据，自用或者利用数据资产对客户提供相关服务，因此只能根据历史成本原则，选取成本法进行评估。

2. 选取评估模型

成本法评估模型计算公式为：

$P=(C-D)\times\delta_2$，或者 $P=C\times(1-\delta_1)\times\delta_2$。

其中：

P——数据资产评估价值

C——重置成本（包括 C_1 前期费用、C_2 直接重置成本、C_3 间接重置成本、C_4 合理利润、C_5 相关税费）

δ_1——贬值率

δ_2——调整系数

3. 数据信息集合

C_1 是数据资产的前期费用，主要是规划成本，即对数据生存周期整体进行规划设计，形成满足需求的数据解决方案所投入的人员薪资、咨询费用及相关资源成本等。本案例前期规划成本即是针对某项数据资产项目进行规划设计发生的上述相关成本费用，如无该项费用即按 0 计。

C_2 是与数据资产形成相关的直接重置成本，主要包括数据建设阶段的成本（数据采集、数据汇聚、数据存储、数据开发、数据应用等成本），以及数据运营维护阶段的成本及数据安全维护的成本等。

C_3 是与数据资产形成相关的间接重置成本，主要包括为采集、清洗、整理和分析数据所使用的场地、软硬件、水电和办公等分摊的公共管理成本费用。直接成本和间接成本又分为外购成本和内部开发支出成本两种类型。入表于"无形资产"科目的数据资产的成本包括：①企业通过外购方式取得确认为无形资产的数据资源，其直接成本包括购买价款、相关税费，直接归属于使该项无形资产达到预定用途所发生的数据脱敏、清洗、标注、整合、分析、可视化等加工过程所发生的有关支出，以及数据权属鉴证、质量评估、登记结算、安全管理等成本费用。②企业内部数据资源研究开发项目的支出，应当区分研究阶段支出与开发阶段支出。研究阶段的支出，应当于发生时计入当期损益。开发阶段的支出，只有满足《企业会计准则第 6 号——无形资产》（财会〔2006〕3 号）第九条规定的有关条件的，才能确认为无形资产。

C_4 是合理利润，由于本次评估目的是为电力数据资产入表提供价值参考依据，故该项利润可不考虑，即按 0 计。

C_5 是相关税费，主要包括数据资产形成过程中需要按规定缴纳的不可抵扣的税费，如对数据采集、清洗、整理和分析，需要按规定缴纳的不可抵扣的税费等。

D 是贬值额，数字资产在使用过程中，由于其技术更新、市场需求变化、替代品的出现等多种因素，导致其价值降低的金额。这种贬值是数字资产特有的一种经济现象，反映了数字资产价值的动态变化。

δ_1 是贬值率。数据资产的贬值率计算主要有专家评价方法和剩余经济寿命法。其中：①专家评价方法综合考虑数据质量、数据应用价值和数据实现风险等贬值影响因素，并应用层次分析和德尔菲等方法对影响因素进行赋权，进而计算得出数据资产贬值率。②剩余经济寿命法是通过对数据资产剩余经济寿命的预测或者判断来确定贬值率的一种方法。

δ_2 是质量因素调整系数。数据质量评价专业团队参考《信息技术数据质量评价指标》（GB/T36344-2018）和《数据资产评估指导意见》，将规范性、完整性、准确性、一致性、时效性和可访问性作为数据质量评价的六个维度的基础上，对数据准确性和一致性评价维度的检测指标进行重点考量。对于数据的可访问性，检测对象数据集是副本数据，可以访问并执行了数据质量评价，达到了可访问的要求。本次评价所选择的测量指标如表10-1所示。

表 10-1 基于数据质量评价指标体系的指标选择

一级指标	指标含义	二级指标	本次评价适用指标
规范性	数据符合数据标准、数据模型和元数据定义的度量	数据标准规范性	
		数据模型规范性	
		元数据规范性	√
		业务规则规范性	
		权威参考数据规范性	
		安全规范性	
完整性	按照业务规则要求，数据集中应被赋值的数据元素赋值程度	数据元素完整性	√
		数据记录完整性	

一级指标	指标含义	二级指标	本次评价适用指标
准确性	表示数据符合其实际或规定值的程度	数据内容正确性	√
		数据格式正确性	
		数据非重复率	
		数据唯一性	
		脏数据出现率	
		精度准确率	
一致性	数据与其他特定上下文中使用的数据无矛盾的程度	相同数据一致性	
		关联数据一致性	√
时效性	数据在时间变化中的正确程度	基于时间段的正确性	
		基于时间点的及时性	
		时序性	√
可访问性	数据能被访问的程度	可访问性	√
		可用性	√

五、评价结论

经实践访谈调研、市场调查和评定估算程序等评估程序，基于为电力数据资产入表提供价值参考依据的评估目的，采用成本法，对广西电网有限责任公司持有的电力数据资产于评估基准日的评估值为 ×××。

广西电网作为区域内重要的能源供应企业，在数字化时代积累了丰富而宝贵的数据资产。广西电网的数据资产来源广泛。以成熟的数据交易案例研究为基础，广泛调研市场上的数据资产价值评估方法和交易定价规则，挖掘了共性的问题和经验，进一步明晰了数据资产价值评估的关键概念及逻辑关系，围绕价值管理和价值创造两条主线，形成了电力数据资产的价值评估框架。

然而，广西电网的数据资产也面临一些挑战，并从中总结出了三点后续研究方向：一是进一步加强与国家数据共享交换平台、政务云数据中心等交换体系建设，引入联邦学习、隐私计算、数据标签等技术，促进与政务数据的跨域共享开放。二是探索数据中介、数据代理、数据加工等多样化数据流通服务模式，支撑数据资源汇聚、数据资产管理、数据价值流转、数据产品交易等更多平台服务能力建设，优化数据流通服务生态。三是推进数据的权属、流通、交易、保护等方面的标准和规则制定，建立数据流通交易负面清单，营造可信数据交换空间，保障数据流通的合规性和安全性。数据质量问题需要持续关注，由于数据来源复杂，可能存在数据不准确、不完整等情况。数据的整合与共享也有待进一步加强，不同部门和系统之间的数据壁垒需要打破。此外，数据分析人才的短缺也是一个亟待解决的问题，需要加大培养和引进力度，以充分发挥数据资产的价值。

后　记

在撰写本书的过程中，我们深入研究了数据资产的各个方面，从理论到实践，从原则到方法，每一步都是对数据资产价值认识的深化和拓展。

在本书的编写过程中，我们力求将最新的研究成果、行业实践和法律法规融入其中，以确保内容的前沿性和实用性。我们希望读者能够通过本书，不仅能学到数据资产评估的专业知识，更能培养出对数据资产价值敏感的洞察力和评估能力。

数据资产评估是一个不断发展的领域，随着技术的进步和市场环境的变化，评估的方法和标准也在不断演进。因此，我们鼓励读者持续关注行业动态，不断学习和适应新的评估技术和工具。

在本书的编写过程中，我们得到了许多同行和专家的支持与帮助，他们的宝贵意见和经验分享极大地丰富了本书的内容。在此，我们向所有为本书做出贡献的人士表示最诚挚的感谢。

周忠璇参与了第一章《数据资产评估的基本原则》、第六章《数据资产评价系统》的编写，收集了大量的政策资料、技术资料和案例。

李荣蓉参与了第三章《数据资产评估依据》、第四章《数据资产评估基本事项》的编写，收集了大量的政策资料、技术资料和案例。

王宁参与了第三章《数据资产评估依据》、第四章《数据资产评估基本事项》的编写，收集了大量的政策资料、技术资料和案例。

范梦娟参与了第五章《数据资产评估程序》、第九章《数据资产评估保障体系》的编写，收集了大量的政策资料、技术资料和案例。

周茂林参与了第二章《数据资产评估的特有原则》、第十章《综合案例——广西电网数据资产评估》的编写，收集了大量的技术资料和案例。

最后，我们希望《数据资产评估：合规方法和落地实践》这本书能够成为读者在数据资产评估领域的良师益友，帮助他们在实际工作中做出更明智的决策，为企业和社会创造更大的价值。我们也期待读者的反馈和建议，以便我们在未来能够提供更加完善的内容和服务。